移动云计算联盟知识整合、利用及创新机制研究

张树臣　张晓星　著

哈尔滨工业大学出版社

内 容 简 介

随着高速移动互联网 5G、智能终端、物联网技术的飞速发展,基于移动终端的云计算服务模式已经出现,并逐渐成为云计算技术发展的主要方向。因此,本书在国内外移动云计算、云计算联盟、知识管理相关研究成果的基础上,对移动云计算联盟的内涵与特征进行界定,对其产生动因与组织运行模式展开研究,构建移动云计算联盟知识管理的整体体系框架。在该框架下,本书对移动云计算联盟的知识整合机制、知识利用机制、知识创新机制、知识管理效果评价、知识管理平台规划与设计等内容进行了深入介绍。本书为移动互联网产业构建产业联盟、创新知识管理模式、提升移动云联盟知识含量及利用效率提供了理论指导和解决方案。同时对基于云环境的组织间知识管理理论与方法的研究具有重要的理论价值,为促进移动云计算产业发展提供保障。

本书可供移动云计算产业相关领域管理人员、高校科研人员和相关专业研究生阅读与参考。

图书在版编目（CIP）数据

移动云计算联盟知识整合、利用及创新机制研究 /
张树臣,张晓星著. — 哈尔滨:哈尔滨工业大学出版社,
2022.12（2024.6 重印）
ISBN 978 - 7 - 5767 - 0333 - 7

Ⅰ.①移… Ⅱ.①张… ②张… Ⅲ.①云计算 – 研究
Ⅳ.①TP393.027

中国版本图书馆 CIP 数据核字(2022)第 147438 号

策划编辑　张凤涛
责任编辑　李长波
装帧设计　博鑫设计
出版发行　哈尔滨工业大学出版社
社　　址　哈尔滨市南岗区复华四道街 10 号　邮编 150006
传　　真　0451 - 86414749
网　　址　http://hitpress.hit.edu.cn
印　　刷　哈尔滨久利印刷有限公司
开　　本　787mm×1092mm　1/16　印张 12.75　字数 300 千字
版　　次　2022 年 12 月第 1 版　2024 年 6 月第 2 次印刷
书　　号　ISBN 978 - 7 - 5767 - 0333 - 7
定　　价　88.00 元

前　　言

移动互联网与云计算技术的有机结合为构建移动云联盟知识创新服务模式提供了崭新的应用环境,移动云联盟成员间基于动态弹性知识需求而展开的合作是联盟成功运行的关键。因此,构建科学有效的知识管理体系,将成为联盟弥补知识缺口、整合异构知识、实现知识创新的有效途径。

本书第2章在对移动云计算、云计算联盟、联盟知识管理相关理论与方法进行分析的基础上,界定了移动云计算联盟(Mobile Cloud Computing Alliance,MCCA)的内涵,在对其构成要素、特征分析的基础上,从交易成本与资源观视角研究 MCCA 的产生动因,分析联盟知识管理的内涵、知识类型、知识管理特征,构建 MCCA 知识合作价值网竞合协同演化的动力学模型,在此基础上构建 MCCA 知识整合、利用及创新机制的总体框架。

第3章,从 MCCA 知识整合内涵出发,结合移动云计算联盟的特点并基于知识生态视角,在移动云计算联盟知识整合过程中,将知识整合分为知识识别、知识搜索和知识匹配三个过程。首先,建立了基于本体的 MCCA 知识地图,基于此构建 MCCA 知识识别机制;其次,建立了基于 MapReduce 的粒子群移动云计算联盟知识搜索模型,并以此构建了联盟知识搜索机制;最后,构建了基于知识本体语义的相似度计算模型,完成联盟知识匹配机制。

第4章,将 MCCA 知识利用过程分为知识推荐、知识转移与知识共享三个环节。在分析知识推荐内涵、知识推荐过程的基础上,建立了基于灰色关联度聚类与标签重叠的协同过滤的知识推送模型。在 SECI 模型基础上,构建了 MCCA 知识的 SE – IE – CI 转移模型以及联盟发展不同阶段的知识转移模型。在分析 MCCA 知识共享影响因素与动因基础上,构建了联盟知识共享的委托代理模型,完成联盟知识共享活动。

第5章,分析 MCCA 知识创新的过程,构建了知识创新的螺旋转化 SECIs 模型与知识创新的四螺旋模型,以说明 MCCA 知识创新过程。运用知识发酵理论,明确知识转化内涵与要素,建立了 MCCA 知识发酵模型及反应方程,说明知识转化创新原理,给出创新保障策略。

第6章,为了检验 MCCA 知识整合、利用与创新的管理效果,本书构建了 MCCA 知识管理效果的评价体系。从联盟成员指标、联盟整体指标、云计算技术指标三个方面，建立 MCCA 知识管理效果评价指标体系。利用 D–S 证据推理理论构建了能实现定量指标和定性指标相结合的知识管理效果评价方法，完成联盟知识管理效果的评价工作，为提升知识在联盟内部的高效传播、衡量知识管理作用效果提供参考。

第 7 章，为了使 MCCA 知识管理更加高效，本书对 MCCA 知识管理平台进行系统的规划与设计。利用回归分析方法和 UML 建模语言建立了联盟平台敏捷需求模型，在此基础上构建了联盟知识管理平台层次体系，包括知识资源层、知识应用层和服务实现层。其中知识资源层着重运用免疫多态蚁群算法对平台云数据库动态路径规划进行设计，保证为联盟更快速地提供知识资源；知识应用层主要利用 Hadoop 架构中的分布式文件系统 HDFS 及 MapReduce 并行计算技术部署其中的控制层，从而完成应用层对资源层的调用，并对其中部署平台主要功能的服务层进行设计。

本书对 MCCA 知识整合、利用与创新的研究，旨在为 MCCA 运作管理提供知识管理的理论基础与指导依据，对促进移动云计算产业整体竞争能力提升等问题具有极为重要的理论价值与实践意义。

本书由哈尔滨理工大学张树臣和黑龙江科技大学张晓星共同撰写，其中张树臣负责全书统稿，以及第 2~6 章内容的撰写工作（约 200 千字）；张晓星负责第 1 章、第 7 章的撰写工作，以及全书的整理工作（约 100 千字）。

最后，本书的出版受到教育部人文社会科学研究项目"大数据联盟数据资源交易管理体系与运行机制研究"（项目编号：19YJC630215）、黑龙江省青年科学基金项目"基于知识云的黑龙江省移动云联盟知识资源整合、利用及创新机制研究"（项目编号：QC2017083）、黑龙江省哲学社会科学研究规划项目"黑龙江省移动云计算联盟知识资源整合、利用及创新机制研究"（项目编号：16GLC08）的资助。

由于水平有限，书中不足之处在所难免，恳请广大读者批评指正。

张树臣　张晓星

2022 年 10 月

目　　录

第1章 绪 论

1.1 研究的背景

随着高速移动互联网5G、智能终端、物联网技术的蓬勃发展,基于手机等移动终端的云计算服务已经出现,并逐渐成为云计算发展的主要方向。基于云计算定义,移动云计算是指通过移动互联网与传统互联网的高度融合,利用多种网络传输技术、虚拟化技术、SOA技术、大数据采集分析处理技术,将原有抽象化、虚拟化的网络计算能力、存储能力、应用服务资源在网络空间相汇聚,通过高速移动互联网以按需、易扩展方式为用户提供所需基础设施、平台、软件及应用的信息资源和扩展服务的网络交付与使用模式,是云计算技术在移动互联网中应用的一种创新型商业运营模式。移动云计算的出现,使原有智能终端的计算处理能力与存储能力获得极大的提升,使智能终端的应用领域得以扩大。

由于移动云计算显著的分布式特征,在其产业链条中大量地域分散的基础设施提供商、网络运营商、内容提供商、平台软件与应用服务提供商、最终用户,以及相关组织结构依托先进的移动无线网络及有线互联网络等多种沟通方式,参与移动云计算产业运作,形成以可扩展、按需使用的云计算应用服务为导向,以资源优势互补、构建创新性商业服务模式及提升自身竞争优势为目标,并最终实现利益共享、风险共担的新型产业组织形式——移动云计算联盟(MCCA)。

移动云计算联盟继承并拓展了分布式云计算的服务模式,打破资源在空间分布的局限性,保持了分散资源的优势,使移动云计算产业链内各种资源得以有效整合与优化,实现资源的优势互补。在此过程中,联盟成员的竞争优势将从原有物质资产、企业规模向以各自拥有的海量智力资源、知识、技术资源有机整合与持续创新转变:一方面,移动云计算联盟成员间的经济活动多与移动互联网技术及产品、云计算技术及产品相关,而这些技术及产品所携带的大量创新性知识具有高渗透与高扩散的特性,使联盟内各成员企业间的经济活动成为一种基于"云环境"的方便、快捷、安全的知识交流过程;另一方面,各联盟成员在自我知识学习与知识创新过程中,在满足自身运营所需知识基础上,将价值含量高的知识对联盟成员开放,依托云计算服务技术在虚拟空间整合并转化成为一个更大的弹性伸缩知识池,使联盟成员以按需使用方式获取利用所需知识。

目前,我国移动云计算联盟的建立仍处于初期阶段,已有联盟多以网络运营商为盟主发起组建,融合高速移动互联网与云计算的优势,在工业互联网、远程医疗以及融合媒体等重点行业领域进行了初步的探索,并取得了一定的成果,如中国移动5G云计算联盟、中国移动云计算和创空间、中国移动边缘计算开放实验室等。在联盟的运行过程中,联盟成员以产业发展为导向,以知识交流为合作纽带,进行相关技术与产品的开放式创新,在移动云计算领域内形成价值增值的产业链条,并促进移动云计算联盟的虚拟化跨地域运作。因此,如何为移动云计算联盟构建高效的知识管理体系,加速联盟内知识流动,提高知识使用效率,已经成为移动云计算联盟能否持续发展与稳定运营的关键问题。

1.2 研究的目的与意义

1.2.1 研究的目的

MCCA中成员间知识合作关系的建立是联盟稳定运行的重要基础,依托先进的多维网络通信方式,可以加速联盟内知识的流动速度,提升移动云计算产品与服务的研发水平,促进移动云计算产业的持续高质量发展。

基于上述分析,移动云计算联盟知识管理的目的是为了促进MCCA高效运作,以成员间知识合作为纽带,建立由知识整合、知识利用及知识创新构成的MCCA知识管理体系,在MCCA知识管理体系指导下,从联盟整体协调管理与联盟成员参与知识价值创造活动两个维度,为MCCA的构建与运行提供支持与保障,为移动云计算产业的发展提供理论支撑。

1.2.2 研究的意义

构建移动云联盟,并对联盟成员知识的整合与利用进行有效管理,必将对移动云计算产业发展产生积极而深远的影响。本书内容对移动互联网产业依据新兴移动网络经济要求改变并创新知识管理模式,提升移动云联盟知识含量及利用效率,为快速获取先进技术与满足联盟成员及联盟知识需求提供了理论指导和解决方案,为以知识优势互补为合作纽带的移动云联盟知识管理活动的研究奠定了坚实的理论基础,同时对基于云环境的组织间知识管理理论与方法的研究具有重要的理论价值,为促进移动云计算产业发展提供保障。

1.3 国内外研究现状与评述

1.3.1 国外研究现状

1.3.1.1 移动云计算国外研究现状

随着移动互联网的蓬勃发展,基于手机等移动终端的云计算服务已经出现。移动云计算即是指通过移动网络以按需、易扩展的方式获得所需的基础设施、平台、软件(或应用)等的一种 IT 资源或(信息)服务的交付与使用模式。目前国内外学者对移动云计算的研究主要集中在移动云计算资源管理、移动云服务、移动云数据调度等方面的研究。

1. 移动云计算资源优化分配研究

移动云计算资源优化分配研究主要集中在云计算在移动终端的应用上,研究的方向是为了使移动云计算的应用既可设计运行在资源受限的移动终端上,也可以运行在云端,这样资源受限的移动终端能方便地将复杂的计算任务、通信任务以及其他资源需求量比较大的业务交给"云端"来完成。Chun 等人主要通过增加执行次数来配置 Clone Cloud 云资源,但没有考虑到用户终端的实际运行状态。Huang 等提出了移动云计算网络架构,将移动终端节点作为云计算网络中的服务节点集成到移动云计算网络中。Liang 等人提出了一种基于移动云计算网络的资源分配经济优化模型,该模型的每一步决策能优化管理分配资源给不同的服务,并且可以根据移动云计算网络资源的实际状况,将云计算任务在移动终端和移动云计算网络之间相互转移。Wei 等则阐述了一种基于博弈论的资源分配管理模型,这种模型可以根据用户的服务质量(QoS)需求来动态分配云计算网络资源。

2. 移动云计算服务研究

移动云计算服务是一种基于移动互联网将云服务从云端推送给终端用户的一种服务模式。国外学者对移动云服务的研究主要集中在移动终端设备的计算、存储、宽带、电池等能力有限的问题上,如何解决终端和云端的迁移、提高移动云服务的质量问题成为移动云服务的研究热点。德国亚琛大学的 Dejan 教授等人提出了一个基于 XMPP 协议的移动云中间件,能使应用程序在终端和云间动态弹性迁移,并利用 CloudLets 技术来保证应用的用户体验。Chun 等人也提出了克隆云概念,将完整的移动应用程序的资源密集型部分从移动终端无缝移植到云平台的虚拟机上运行,以此提高应用运行速度和减少移动设备的能量消耗。Itani 等人针对移动云计算提出一种计算迁移的节能方法,他们将移动设备的计算迁移到云中执行,从而达到节能的目的。

3. 云数据资源调度研究

云数据资源调度的研究主要集中在时间、质量、能效、负载均衡和各种算法上,Mowbray 等人提出了两种在 Iaas 中可中断服务的任务的在线并行资源分配算法,该算法适用于资源的动态分配的执行时间。将成本和任务执行时间作为 QoS 指标,通过二进制线性规划方法得到最优资源调度。Rochwerger 等人提出了一种基于负载均衡蚁群算法优化算法的云任务调度策略,除了均衡系统负载以外该策略还能减小任务的执行时间。

4. 移动云计算构建技术

Verbelen 等人运用最小化网络、图形分割算法对移动云计算应用程序的部署进行优化研究。Changbok 等人基于资源的使用频率、上下文感知信息对移动云计算的过滤技术展开研究,并为用户构建基于本体的移动云计算环境内容模型以提供相应的 IT 资源与服务。Ivan Stojmenovic 等人对基于地理位置的移动云计算应用服务展开研究。Chun 等提出 Clone Cloud 项目,利用虚拟机迁移技术,实现应用程序的跨平台无缝移植,以解决移动设备资源受限问题。

1.3.1.2 云计算联盟国外研究现状

目前已经有云计算研究人员和产业界人士提出了云联盟和开放云计算的概念,认为云联盟是指整合不同云计算服务提供商(Cloud Computing Service Provider,CCSP)提供的云计算服务来共同为用户提供服务,提交给用户一个统一计算资源的联合云计算机制。国内外研究学者对云联盟的研究仍处于起步阶段,相关研究成果比较少,只有少数云联盟理论模型得以实现,且这些模型的体系结构各不相同,同时云联盟产业化运作尚未展开。

国外学者对云联盟相关的研究主要集中在以下几方面:

1. 云联盟资源管理机制

在现有的云联盟理论模型中,Hassan 提出了较为简单的资源管理机制。在 P2P 和网络资源管理机制中,Tushar 对分布式计算资源管理机制进行了研究,取得的相关成果能较好适用于 P2P 和网络资源管理要求。但现有的这些资源管理机制并不能满足具有复杂系统特性的云联盟资源管理需求。Srinivasu 为云计算平台提供了一套统一的资源负载均衡机制,这些机制大多是集中式的,只在同构平台的内部实现了资源的负载均衡,对于云联盟内跨组织、跨平台的资源交流问题还未有效解决。

2. 云计算联盟的实现机制研究

云计算联盟的实现需要制定相关的标准和协议,产业界和学术界亟须对云计算联盟体系结构达成共同的认识,然而,目前只有少数云计算联盟的实现模型,且这些模型的结构各不相同,关于云计算联盟体系结构的相关研究成果还非常少。在现有的云计算联盟模型中,只有部分模型提出了较为简单的资源管理机制,在 P2P 和网络的资源管理机制中,对分布式应用的资源管理机制已经进行了深入的研究,取得的相关研究成果能较好适用于 P2P 和网格资源管理需求。但现有的这些资源管理机制并不能满足具有复杂系统特性的云计算联盟中的资源管理需求。由于没有一个通用的云计算标准,各云计算平台是异构的,各 CCSP 的云计算服务之间不具备可移植性(用户的同一个应用可以跨云平台进行扩展)和可互操作性(用户的应用可以进行跨云平台实施),这使得在目前条件下,云计算联盟实现非常困难,虽然目前各 CCSP 也已经开始意识到云计算联盟的重要性,很多研究机构也提出云计算联盟的实现模型,并实现了一些原型系统,但不同云计算平台之间的可移植和互操作并没有实质的进展,开放云计算联盟目前还只能停留在概念和模型阶段。

3. 云计算联盟的负载均衡问题研究

负载均衡是云计算和云计算联盟实现中的关键问题,负载均衡是指在分布式计算环境中,将超载节点上的超载部分均衡分布到整个系统的所有节点上,以提高系统的反应速度和加快任务的执行,同时获得较高的设施利用率和用户满意度。首先,CCSP 必须在其所拥有的云内部提供负载均衡,以实现高设施利用率,并为用户提供高效率计算服务;其次,如果在 CCSP 之间提供跨不同云的负载均衡,可以将不同 CCSP 的云计算平台联合起来,为用户提供一个真正意义上的无限的资源池,CCSP 则不用为少量的峰值需求准备大量的基础设施,从而能以更低的价格来提供优质的云计算服务。现有的云计算平台提供了一个平台内部的一些简单负载均衡机制,这些机制大多是集中式的,只是在同构平台的内部实现了负载均衡,而对 P2P 和网格中的负载均衡问题,也已经出现很多相关研究成果。

4. 云计算联盟资源调度研究

Brunneo 提出了一种基于 SRNs 模型对云计算联盟进行管理以及更优策略的发现,通过该策略能更好地减少云中能耗费用。Joseph 和 Tannian 认为单一的数据中心使得资源的可用性受到限制,一种解决方法就是多供应商的合作,于是提出了一种既能满足云协调器又能扩展设计的多云环境下的架构体系。Larsso 定义了一种云计算联盟下的调度模型,通过启发式算法为虚拟机迁移找到最佳候选人。同时,为了协助调度器并提供统一的数据,提出了一种分布式数据监测模型。Xiaoyu 提出了一种面向商业的云计算联盟模型,在该模型中多个独立的基础设施提供商能够实现无缝的合作以提供可扩展的 IT 设施及 QoS 保证的多用户实时在线交互应用。

1.3.1.3　知识管理国外研究现状

知识是指人类的智力劳动发现和创造的,并以一切形式表现的,经物化可为人类带来巨大财富的创新成果。知识是指主体拥有的可以反复利用的,建立在知识和信息技术基础上的,能给组织带来财富增长的一类资源。知识作为一种重要的经济资源,同物质资源和能源资源一样也具需求性、稀缺性、可选择性等资源的一般特性。但知识又具有其特殊性,即共享性、可再生性和价值不确定性。知识的这些特性使其无法像物质资源、能源资源那样共享易于实现和有效控制,因此如何有效对知识进行管理成为目前国内外研究的热点。知识管理国外研究现状:

1. 知识获取研究

Pedro 等人对知识密集型产业集群的外部知识获取过程进行了研究。Bell 等人对基于网络的企业间知识获取过程展开研究。Liao 等人对中小企业知识获取对产品创新能力的作用展开研究。

2. 知识整合研究

Shahzad 等人对提高企业创造与表现能力的知识整合阶段与过程展开研究。Liu 等人构建了知识整合的理论框架模型。Tsai 与 Koch 等人均对企业内部知识整合对产品创新影响能力展开研究。Revilla 等人对知识整合对企业战略决策的影响展开研究。

3. 知识共享研究

Hu 等对研发组织知识共享与转移过程中的知识利用价值进行了测度。Israilidis 等从企业员工个体对企业知识共享的作用展开研究。Sharifirad 研究了团队成员知识共享意愿对团队竞争能力的影响作用。

4. 知识转移研究

Nonaka 的 SECI 模型、Szulanski 的四阶段模型、Gillbert 的五步骤模型以及 Albino 的知识转移分析框架模型具有相当的代表性和广泛的影响。Wang、Shao 等人利用知识网格技术构建了虚拟企业知识转移过程模型。Araujo、Andre L 以资源的视角建立了促进虚拟团队组织知识转移的理论框架模型。

5. 知识创新研究

Chen 等人对生物工程产业科学创新实践过程中的知识创新机理展开研究。Andre-eva 构建了知识创新过程中的知识处理与集成模型。Guan 等从社会网络嵌入性入手,研究了知识合作网络中企业知识的创新机制。

1.3.2 国内研究现状

1.3.2.1 移动云计算国内研究现状

目前,我国关于移动云计算的研究较少,主要集中在以下几个方面:

1. 移动云计算基础理论与关键技术

邓茹月等人从移动云计算的概念出发,讨论了移动云计算的架构和服务模型,研究移动云计算目前存在的主要问题及解决方案。吴卿和李镇邦等人面向移动云计算的自适应服务选择方法进行了深入研究。刘晓和蒋睿分析了移动云计算中弹性存储外包方案,提出了改进安全协议、安全共享协议(SShP)、安全编码协议(SCoP)和安全加密协议(SEnP)。任伟等人就移动云计算弹性资源存储模式展开研究。徐光侠和陈蜀宇根据移动云计算资源建立了资源受限设备弹性应用的安全模型。秦晓珠和张兴旺等提出一种基于应用融合的 MaaS 服务模型,构建了移动云计算的数字图书馆云服务模式。刘勇和周军平等人针对用户移动终端无法准确识别、无法保证数据传输安全性等关键问题,提出了基于移动云的虚拟化应用解决方案。

2. 移动云数据资源管理

曾文英针对移动环境下的数据资源管理问题,提出了一种基于移动书库的移动数据管理结构和存储管理方法。邓维维等人基于数据流对移动数据的挖掘与管理等问题提出了数据流管理系统。张桂刚等学者针对移动云环境下海量的数据处理问题,提出了一个管理框架 THCloudFramework。该框架包含了移动云环境下数据资源管理的各个方面。

3. 移动云计算服务

移动云服务就是基于移动互联网而提供的云服务,云服务提供商基于移动互联网将云服务从云端推送给终端用户。学者对移动云服务的研究主要集中在移动终端设备的计算、存储、宽带、电池等能力有限的问题上,如何解决终端和云端的迁移、提高移动云服务的质量问题成为移动云服务的研究热点之一。张拥军等人针对移动设备计算、存储、网络宽带等缺陷影响移动设备访问云服务质量,提出了面向移动设备的数据传输格式优化模型和服务 Mashup 模型,设计并实现了一个基于代理的移动云服务访问框架。

1.3.2.2 云计算联盟国内研究现状

在产业界,我国第一个云计算产业技术创新战略联盟——中国云计算技术与产业联盟(China Cloud Computing Technology and Industry Alliance,CCCTIA)已于 2010 年 1 月发起成立。它是由 90 多家云计算相关企业、科研院所、相关机构自发、自愿组建的开放式、非营利性技术与产业联盟,其主要宗旨是推动并参与云计算国际、国家或行业标准制定,促进中国云计算相关产业的发展。随后,中国云计算联盟、中关村云计算产业联盟也相继成立。目前,云联盟理论研究主要集中在:

1. 云联盟安全方面

王渊明用联盟式安全模型解决云计算出现的安全问题,证实安全模型的可行性和提出实现建议。王崇霞、周贤伟等人提出一种云联盟环境的"契约"关联身份认证方案。

2. 云联盟资源管理与体系结构构建

陈东林等人建立了由云用户、云服务供应商和云联盟协调器组成的云联盟资源调度模型。张泽华认为云联盟是通过共同的标准和体系结构将不同云计算服务提供商的计算资源整合为一个更大的资源池。杨新峰、刘克成基于涌现理论和复杂网络理论对云联盟的体系结构进行建模。张树臣等人针对联盟数据资源的交易构建了三阶段 Rubinstein 动态定价模型,为联盟资源管理平台的构建提供了解决方案。

3. 云联盟运行与发展

郎为民、杨德鹏等人介绍了云计算产业联盟的成长路程。包东智对国内外云计算产业的市场发展现状进行了研究,提出运营商、内容提供商、终端制造商多方紧密合作,构建强大的云计算产业链是我国发展云计算的重要应对策略。

1.3.2.3 知识管理国内研究现状

1. 知识整合研究

马柯航从开放式创新视角,以虚拟整合网络为载体,研究如何通过获取、整合知识提高企业创新绩效的内部机理。马鸿佳从创新过程出发,构建了基于过程的新创企业知识整合模型。姜晓丽对高技术产业集群自主创新过程中的知识整合阶段进行划分,并对各阶段运行方式展开研究。陈龙波等人对企业并购中的知识进行了研究。

2. 知识共享研究

吴文清等人研究了科技企业孵化器与创投多阶段协同知识创造资源共享的微观机

制。陈晓红等人对影响开源软件项目内成员间知识共享的核心要素和机制展开研究。邢青松等人对知识多维属性特征的协同创新知识共享及治理模式展开研究。杨建君等人引入知识共享作为中介变量构建了战略共识、知识共享、组织学习以及信息不对称的理论模型。刘戍峰、艾时钟等人构建了 IT 外包知识共享行为的演化博弈模型。

3. 知识转移研究

赵炎等人对战略联盟网络邻近性与地理邻近性对知识转移绩效的影响展开研究。王斌构建了基于知识转移存量的知识联盟演化机理模型。刘立、党兴华构建了创新合作网络中企业知识价值性、企业权力与知识转移之间关系的理论模型。魏静等人对在线知识转移网络的演化规律进行了实证研究。

4. 知识创新研究

王铮对面向创新的开放知识管理内涵进行了界定。廖晓、李志宏提出一种基于加权知识网络(WKN)的企业社区用户创新知识建模及分析方法。游静从资源投入范畴入手,建立了损失厌恶影响下的知识创新收益模型。陈泽明等人从开放创新视角对企业内生创新的知识流溢出机理展开研究。曹勇等人分析了开放式创新背景下,知识溢出效应、创新意愿与创新能力三者之间的内在关联。张晓星等人通过分析人工智能领域 2000 ~ 2018 年间的专利申请数据,分别运用有序多分类 Logisitic 回归和负二项回归方法对不同阶段的合作专利知识进行分析,挖掘跨界联盟多维邻近性与联盟创新能力的关联关系,并进一步研究网络特征对多维邻近性的调节作用。

1.3.3 国内外研究现状评述

移动云计算作为云计算在移动互联网领域的创新型应用,目前已经引起国内外学者的日益重视,并且对其基础理论、关键构建技术、安全、应用开发等问题展开研究,但研究层面仍大多以移动云计算原理为基础,特别是从管理视角对移动云计算的商业运行模式、资源管理体系、资源共享转移利用模式尚未建立,因此这些问题的研究将对移动云计算的发展起到根本性的推动作用。

云计算产业的发展,为其战略联盟的构建奠定了基础,同时云联盟的提出也为构建基于“云”的创新性商业运行模式提供必要环境。目前,国内外专家学者已从资源管理调度机制、云平台体系结构、联盟运行发展等方面展开研究,研究侧重点多以云平台为核心,侧重跨平台云计算资源管理的技术方法与实现手段,而对基于组织层面的联盟构建机理、联盟商业运行模式、联盟成员间合作竞争机制、联盟成员间资源优化配置机制及联盟发展优化升级路径等一系列管理问题的研究仍较少,因此这些问题的研究将对云计算产业的发展产生强大的推动力量,同时对完善企业间组织管理理论具有重要的学术价值。

移动云联盟是云计算技术在移动互联网与产业联盟领域的创新性应用,移动互联网环境下云计算的随时、易扩展、按需使用的创新型商业服务模式及基于"知识云"的网络合作联系方式,极大地丰富和扩展了移动云联盟知识管理的内容,借助移动云联盟知识管理平台,通过联盟成员基于知识需求的竞合关系,实现数据资源的整合与优势互补,并最终增加联盟的知识存量,达到知识价值转化与知识创新的目的。目前,尽管有人对移动云计算联盟知识管理进行了研究,并取得了一系列的研究成果,但对云计算环境下移动云联盟知识识别、整合、利用及创新的系统理论体系还未建立起来。因此,对移动云联盟知识整合、利用及创新机制的系统化研究,对提升移动云联盟的知识含量及利用效率,获取竞争优势具有极其重要的实际意义,对云环境下的组织间知识管理理论与方法也具有极其重要的价值。

1.4　研究的总体思路、主要内容及方法

1.4.1　总体思路

本书从组建移动云计算联盟入手,分析移动云计算联盟的构成要素与产生动因,从知识优势互补、优化产业联盟知识结构角度对移动云联盟知识整合、利用与创新机制进行研究。

通过构建联盟多维知识识别体系,把握联盟整体知识分布状况,依据知识的本体语义关联性分析,构建反映知识上、下文链接和知识关联关系的联盟知识图谱,进而进行知识匹配与按需重组,实现知识的柔性重组复用;在此基础上,找出联盟成员及联盟整体知识需求缺口,通过基于个性化协同过滤知识推荐明确知识来源主体,制定以知识转移与共享为核心的联盟知识缺口弥补方案,进而实现知识的高效利用。在知识利用过程中伴随着知识创新活动的发生,使联盟知识创新活动的研究成为联盟知识管理体系的重要组成部分。最后,对联盟知识管理效果展开评价,验证研究内容的合理性、科学性及有效性。

全书的技术路线图如图 1-1 所示。

1.4.2　主要内容

本书共分为 7 章,将其归纳为理论基础、知识管理的主要体系内容及管理效果评价三个部分,主要研究内容包括:

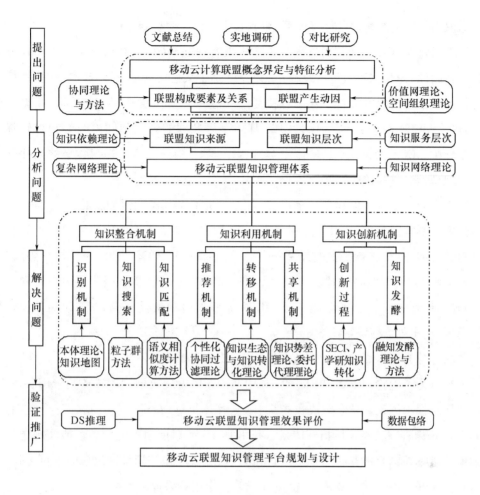

图1-1 技术路线

第一部分为理论基础,包括第1、2章,本书在对移动云计算、云计算联盟、联盟知识管理相关理论与方法进行分析的基础上,界定了移动云计算联盟(Mobile Cloud Computing Alliance,MCCA)的内涵,在对其构成要素、特征分析的基础上,从交易成本与资源观视角研究 MCCA 产生动因,分析联盟知识管理的内涵、知识类型、知识管理特征,构建 MCCA 知识合作价值网竞合协同演化的动力学模型,在此基础上给出 MCCA 知识整合、利用及创新机制的总体框架。

第二部分为 MCCA 知识管理的主要体系内容,包括第3、4、5章。

第3章从 MCCA 知识整合内涵出发,结合移动云计算联盟的特点并基于知识生态视角,在移动云计算联盟知识整合过程中,将知识整合分为知识识别、知识搜索和知识匹配三个过程。首先建立了基于本体的 MCCA 知识地图,基于此构建 MCCA 知识识别机制;其次,建立了基于 MapReduce 的粒子群移动云计算联盟知识搜索模型与基于知识地图量化的粒子群 MCCA 知识搜索模型,并以此构建了联盟知识搜索机制;最后构建了基于知识本体语义的相似度计算模型,完成联盟知识匹配机制。

第 4 章将 MCCA 知识利用过程分为知识推荐、知识转移与共享三个环节。在分析知识推荐内涵、知识推荐过程的基础上,建立了基于灰色关联度聚类与标签重叠的协同过滤的知识推送模型以及基于互信息特征的 MCCA 知识推送模型。在 SECI 模型基础上,构建了 MCCA 知识的 SE – IE – CI 转移模型以及联盟发展不同阶段的知识转移模型。在分析 MCCA 知识共享影响因素与动因基础上,构建了联盟知识共享的委托代理模型,完成联盟知识共享活动。

第 5 章分析 MCCA 知识创新的过程,首先分析了 MCCA 知识创新的动因,对 MCCA 知识创新的影响因素进行分析,并利用 Vensim 构建了知识创新的因果关系模型以及系统动力学模型,对其进行仿真与结果分析。在此基础上,构建了知识创新的螺旋转化 SECIs 模型与知识创新的四螺旋模型,以说明 MCCA 知识创新过程。运用知识发酵理论,明确知识转化内涵与要素,建立了 MCCA 知识发酵模型及反应方程,说明知识转化创新原理,给出创新保障策略。

第三部分为 MCCA 知识管理效果评价,主要为第 6、7 章。

第 6 章为了检验 MCCA 知识整合、利用与创新的管理效果,本书构建了 MCCA 知识管理效果的评价体系。从联盟成员指标、联盟整体指标、云计算技术指标三个方面,建立 MCCA 知识管理效果评价指标体系。利用 D – S 证据推理理论构建了能实现定量指标和定性指标相结合的知识管理效果评价方法,完成联盟知识管理效果的评价工作,为提升知识在联盟内部的高效传播、衡量知识管理作用效果提供参考。

第 7 章,为了提高 MCCA 知识管理效率,本书对 MCCA 知识管理平台进行系统的规划与设计。在获取联盟平台敏捷开发需求的基础上,构建了联盟知识管理平台层次体系,包括知识资源层、知识应用层,服务实现层。其中知识资源层着重运用免疫多态蚁群算法对平台云数据库动态路径规划进行设计,保证为联盟更快速的提供知识资源;知识应用层主要利用 Hadoop 架构中的分布式文件系统 HDFS 及 MapReduce 并行计算技术部署其中的控制层,从而完成应用层对资源层的调用,并对其中部署平台主要功能的服务层进行设计。

1.4.3 研 究 方 法

(1)运用文献分析总结的方法对国内外云联盟与知识管理研究现状和实践成果跟踪总结。运用基于知识的现代企业理论、知识缺口理论、企业资源理论和核心能力理论分析移动云联盟产生动因,运用复杂适应系统理论和方法研究其组成要素以及各要素之间的相互作用关系,运用交易成本理论与知识理论建立联盟,揭示联盟产生动因,揭示联盟运作机理。采用知识依赖理论和服务层次理论对知识进行分类并确定其来源及知识层次,运用价值网理论,搭建 MCCA 知识管理框架。

(2)运用知识生态理论,分析移动云计算联盟知识整合机理,明确知识整合过程,并构建知识整合框架。运用本体论,对知识进行描述形成知识元本体,运用基于本体的 Web 注释语言 OWL 及资源描述框架 RDF 获取知识领域本体,构建联盟知识地图,构建完成联盟知识识别;运用 MapReduce 粒子群算法进行知识搜索,运用本体概念相似度方法完成知识匹配。

(3)基于标签重叠与灰色关联度聚类的个性化协同过滤方法,构建移动云联盟知识推荐模型;运用 SECI 知识转化理论构建移动云联盟多主体层次间知识转移螺旋协同转化 SECIs 模型以及联盟发展不同阶段的知识转移模型。运用委托代理理论构建联盟知识共享模型。

(4)运用产学研协同创新理论以及价值链理论,分析 MCCA 知识创新过程。依据知识发酵理论,建立移动云联盟知识融知发酵模型,揭示联盟知识创新原理。

(5)运用知识网络理论测度联盟内各成员的知识存量,对知识管理效果指标体系进行测度。运用数据包络、证据推理方法和 Dempster – Shafer(D – S)综合评价方法,对构建移动云计算联盟知识管理效果进行评价。

1.5 创新之处

(1)从资源观的视角对传统的知识管理进行扩展,认为知识作为一种重要的经济资源,同物质资源相似,具有需求性、稀缺性、可选择性等资源的一般特性,同时具有其自身特殊性,即共享性、可再生性和价值不确定性。这些知识特性为项目主要研究内容的构思提供了有力的支撑。因此,此研究视角具有一定的创新性。

(2)将云计算环境下灵活的随时、易扩展及按需使用的创新服务理念引入到组织间知识管理领域,对丰富跨组织知识管理理论与方法具有重要的价值,同时也扩展了云计算的应用领域。这种交叉优势互补的学术思想也具有一定的创新性。

(3)从整合、利用及创新三个方面构建了移动云联盟知识的管理体系框架,该体系框架能够有效地解决联盟成员多主体异构、碎片化知识的聚集问题,给出了联盟成员及联盟整体的知识获取的有效途径,并从整合、利用与创新三个环节对跨组织知识管理展开研究,最终对联盟知识管理的水平进行测度与反馈,形成研究的闭环链条。因此,研究路线具有较强的逻辑关联性与创新性。

第2章 移动云计算联盟产生动因与知识管理框架

2.1 移动云计算联盟内涵与特征

2.1.1 移动云计算

移动云计算是移动互联网技术和云计算技术相结合的产物,是能够显著改善移动设备性能的新技术。移动云计算允许移动智能终端通过移动网络获得云服务的能力,从而解决了移动终端内存小、计算能力弱的问题,增强了智能移动终端的效能,可以使用户能动态获取云服务。移动云服务不仅具备云服务的云存储、云应用和云计算的特点,还具有移动互联、动态实时的特点,将云服务范围从电脑端扩大至移动终端,向用户提供自由、便捷和灵活的云服务,这种全新的服务模式将引起人类生活方式的巨变。

移动云计算是指用户通过移动终端,利用移动互联网,随时随地以按需、易扩展的方式来获取云计算、云存储和云应用等云资源的使用模式。

2.1.2 移动云计算联盟

随着移动互联网与云计算两大产业的不断融合,为推动以云计算、大数据和移动网络等为核心技术的应用创新发展,实现移动云计算技术标准建立和增值服务创新,形成具有整体竞争实力的移动云计算产业链。在此环境下,组建合作联盟形成规模经济则是产业链的形成与发展有效途径,即通过构建多渠道、多层次、多角度网络式联盟,促进移动云计算产业协同多主体深度合作,实现从小范围联盟向网络化产业联盟转变。因此,移动云计算产业链条中大量地域分散的基础设施提供商、网络运营商、内容提供商、平台软件与应用服务提供商、最终用户以及相关组织结构依托先进的移动无线网络及有线互联网络等多种沟通方式,参与移动云计算产业运作,形成以可扩展、按需使用的云计算应用服务为导向,以资源优势互补、构建创新性商业服务模式及提升自身竞争优势为目标,并最终实现利益共享、风险共担的新型产业组织形式——移动云计算联盟(MCCA)。

移动云计算联盟有效发挥了产业协同合作的整体优势,产业链融合有效促使移动云计算领域经济结构转变,实现资源共享、服务创新和管理协同全面推进的移动云计算产业发展格局,对促进移动云计算产业发展具有重要意义。

（1）技术角度。从技术角度看,云计算的存储、虚拟化以及分布式计算技术等是移动云计算联盟进行合作的基础。在高速移动互联网环境下,云计算的海量存储技术也为联盟提供了存储空间,联盟内更多的基础设置资源、内容资源、应用资源可以用服务的形式被移动客户端接收。此外,移动云计算云端的数据挖掘、人工智能等技术的不断发展也使得联盟内的数据更具语义关联、更加结构化,从而实现了联盟内的数据从"数据"到"信息"再到"知识"的进化和积淀。

（2）服务角度。从服务角度来看,如何能够更加经济高效地获取和使用资源受到了联盟成员企业更多的重视。移动云计算联盟可以整合联盟内资源,依靠产业链关系,构建按需使用、按量计费的创新性"云 + 端"运营模式。

2.1.3　移动云计算联盟成员构成

根据移动云计算产业链关联关系,移动云计算联盟的成员涵盖了从移动云服务的硬件提供商、网络运营商到移动云计算平台服务商和移动云计算服务的内容提供商的全部环节。移动云计算联盟成员主要由移动运营商、基础设施提供商、内容提供商、应用提供商、高校与科研机构及其他组织组成,其中移动运营商起主导盟主作用。

（1）基础设施提供商。主要包括云计算服务器提供商、移动终端生产商等所有的硬件设备提供商。

（2）移动运营商。主要是当前 4G、5G 网络等移动网络服务商,为移动云计算服务数据传输和存储提供网络连接服务,为移动云计算服务提供支撑环境。

（3）内容提供商。主要是指专门为移动云计算服务提供音频、视频、文本、图片等多种形式数字内容的提供企业。

（4）应用提供商。主要指专门从事移动终端软件应用开发的企业。

（5）平台服务提供商。它是指专门为移动云计算服务内容提供商提供移动云计算服务的开发环境、开发标准和整合移动云计算服务的环境提供商。

（6）高校与研究机构。高校和科研机构的创新能力是联盟创新能力的直接反应。它们通过与联盟成员的合作,推动移动云计算技术创新成果的转化,实现移动云计算技术创新成果的商业化和产业化。

（7）中介组织。中介组织在移动云计算联盟中起着催化剂和黏合剂的作用。中介组织虽然不是构建移动云计算环境的直接主体,但却是主要的辅助主体,它们在促进联盟主体间的移动云计算技术的产生、转移、扩散和反馈过程中起着纽带和桥梁作用。中介组织通过汇聚产业内分散于企业、高校及科研机构、金融机构的信息、资源,实现移动云计算技术在产业内的扩散。中介机构包括咨询公司、培训中心、信息中心、科技孵化机构、技术评估与交易机构等,其职能是催化、裂变、促进、服务于联盟创新成果的转化。

(8)金融机构。金融机构也是联盟中技术创新的辅助主体,主要通过为联盟成员提供资金支持,从而推动移动云计算技术创新进程。金融机构包括一些创新基金、风险投资机构、商业银行及证券市场等,他们提供的资金直接影响到移动云计算技术实施活动的开展和增值过程。

(9)政府。在联盟中,政府虽然不是移动云计算技术创新的直接参与者,但它却是推动和协调系统内移动云计算技术实现与应用的关键因素。移动云计算产业链各企业是联盟的创新主体,其创新行为通常是由市场主导的,然而随着创新风险成本的不断增加,企业越来越难以承受创新风险和成本,从而对移动云计算的应用前景望而却步,在这种情况下,政府介入联盟活动中,引导联盟进行有效的技术创新。政府主要通过制定一些与移动云计算技术相关的政策、法律、法规等,营造有利于企业构建移动云计算环境的良好的外部环境,从而刺激企业进行技术创新活动。首先,在制度上保证移动云计算技术创新能够有领导、有效率、有秩序地进行。其次,通过设立移动云计算技术创新管理机构,明确云计算技术创新的重要位置。再次,在产业政策上给予经费支持和优惠政策倾斜。最后,通过完善的法律法规体系,保护联盟成员的利益,规范云计算技术创新行为。

2.1.4 移动云计算联盟特征

(1)具有特定产业目标。移动云计算联盟是为特定的产业目标而形成的组织,具有明确的科学基础、产业奋斗目标,重点是通过结盟加快研发速度,实现技术与知识共享,共同解决产业发展的共性问题或为实现共同的产业预期,提升产业的技术等级和水平,从而使联盟成员获得独自研究开发所得不到成果和利益。

(2)成员间具有知识势差。与传统产业联盟相比,以知识创新作为价值实现手段的移动云计算联盟,知识资本所占的比例远远高于物质资本。移动云计算联盟成员各自拥有的资源、优势和能力不同,客观上具有知识势差,这也是各主体愿意参加联盟的重要原因。不同主体组建成移动云计算联盟之后,在联盟内知识势差必然导致知识转移,低位势知识成员向高位势知识成员不断靠近,高位势知识成员不断传递和转移知识到低位势成员,从而带动联盟整体知识能力和技术创新能力提升。联盟各方在知识流动转移过程中实现互助互惠,达到共同的战略性创新目标,形成利益共享组织。

(3)成员间存在合作竞争关系。与传统产业依靠市场需求带动技术革新、产业发展不同,移动云计算联盟往往通过新技术的开发、运用来引领市场需求。移动云计算联盟是由一个个相对独立的企业(或其他非企业成员)组成,每个成员伙伴都具有各自的利益需求和价值取向、理念等等,但又希望能通过联盟获得更多技术性知识、资金、信息等。移动云计算联盟成员企业相互竞争又相互合作,冲突在所难免,这样经营的氛围使他们逐渐形成对立统一的合作竞争关系。因此,移动云计算联盟成员之间需要更多的交流沟通和利益均衡,需要采取相关联盟法规作为基础性保障,防止个别成员利益损害多数成员的利益。

(4)联盟成员结构的复杂性。移动云计算联盟的成员企业,都是独立的经济实体,可以分布在不同的地域范围内自主经营,这样使得它们克服了资源在空间上的局限性,保持了分散资源和知识的优势和灵活性,在更大的空间范围内合理有效配置和使用各种资源,实现优势互补。移动云计算联盟的边界是动态的和开放的,移动云计算联盟成员数量众多,在发展中不断地有新成员加入。联盟成员性质各不相同,各成员都各尽其职,企业类成员作为主体,致力于获取最终高额利润,高校和科研机构主要职责是攻克当下技术难题,推动联盟移动云计算技术发展,同时获得研发经费,金融机构则是起到侧面推动作用,属于辅助性的机构,每类成员的职责和作用不尽相同,共同构建了联盟组织机构的复杂性。

2.2　移动云计算联盟产生动因

2.2.1　基于交易成本的动因分析

2.2.1.1　联盟产生的效率边界分析

一项交易究竟是市场化还是企业化,这两者之间的决定性因素在于交易费用的变动。为了探讨移动云计算联盟出现的原因,本书运用均衡分析和边际分析的方法,假定其他经济变量及其关系均已知,从交易费用角度,以收入和支出相等时为临界点,求解达到均衡状态条件下的 MCCA 效率边界点,进而分析移动云计算联盟效率边界曲线变化规律。如图 2-1 所示,为 MCCA 效率边界曲线示意图。

在效率边界的研究上,威廉姆森(Williamson,1991)提出,用交易的资产专用性维度来探讨这一问题,不同条件下的控制程度不同,企业相应地要改变经营模式并且采取不同的措施,因此,寻找最优曲线是一个动态的过程。考虑联盟交易费用与专用性的关联,定义:$K = \dfrac{q}{Q}$,Q 与 q 分别表示该交易的市场总需求量、成员企业对此交易的需求量,

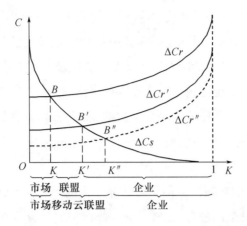

图 2 - 1 移动云计算联盟效率边界曲线示意图

当 $q = Q$ 时, $K = 1$, 意思是在整个交易市场中, 有且只有该企业对这项交易有需求; 当 $K = 0$ 时, 表示 q 趋近于零, 也就是说企业对于此项交易的需求相对于市场而言趋近于没有。

企业在交易过程中追求的是更低的交易费用, 交易费用包括生产成本和交易过程中产生的转移成本, 那么就有必要对交易的资产专用性进行探讨。令 ΔCr 表示交易由市场转移时比企业内部转移时的交易转移成本增加额, ΔCs 为该交易的市场生产成本比企业生产成本的节约额。

那么令 $\Delta TC = \Delta Cr - \Delta Cs$, 如图 2 - 1 所示, 在一项交易中, 将其市场化所获得的生产成本的节约额 ΔCs 大于由此造成的转移成本的增加额 ΔCr 时, $\Delta TC < 0$, 那么为了使得交易的总成本达到最低, MCCA 联盟成员会选择市场来实现交易, 即外化该项交易。反之, 当 ΔCr 大于 ΔCs 时, $\Delta TC > 0$, 那么联盟成员就会选择自行组织该交易。当两者相等时, 云联盟成员的外化和内化过程会实现一个均衡状态。这个均衡状态在图中显示为 ΔCs 与 ΔCr 两曲线交点 B。

在 MCCA 中, 获取更大的竞争优势是成员企业组建联盟的重要目的, 在获取自身利益的过程中, 每个成员都致力于寻求一些途径从而降低交易成本, MCCA 因其特有的技术优势、管理优势等, 均使得其交易转移成本降低。其一, 移动云计算技术基本上都是模块化的, 而灵活性比较高是模块化设计的一个重要的优势, 还可以根据联盟的业务来进行扩展。对于联盟成员来说, 可扩展的模块化设计让知识流动更方便, 同时技术的转移与创新也将在云中进行, 减少了传统方式的交易费用。其二, MCCA 以其特有的优势不仅能够存储庞大的数据, 还能够满足对数据的高效处理, 节约处理时间对于移动云计算联盟来说已经不是难题, 利用 Map Reduce 编程模型, 消除速度比较慢的节点。例如, 当两个或者两个以上成员共同完成一项任务时, 就可以将任务分为不同的子任务, 然后再汇总,这样联盟成员不仅不必担心数据的存储问题并且知识共享的速度也得到了提升,速度的提升也是降低交易费用的体现。其三,由于移动云计算有着更低的对于设备的要求和广阔的应用领域,比如一些无线通信设备或者手机等,随时编辑、随时获取等。因此,在移动云计算联盟区别于其他中间组织的优势下,其转移成本也相继降低即 $\Delta Cr'$ 变动到 $\Delta Cr''$,因此,企业在云环境下组建联盟,源于其所带来的交易费用的降低,并且 B 到 B'' 的移动也揭示了 MCCA 的效率边界变动。

在分析移动云计算联盟效率边界曲线的基础上,本书从美国经济学家威廉姆森对交易成本因素构成进行了深入分析,认为云计算联盟是克服市场失灵和企业科层组织失灵的介于市场和企业之间的一种资源配置手段。在某些情况下联盟可以减少市场的交易费用,也可以节省企业组织费用。

本书借鉴威廉姆森对交易过程中资产的专用性、交易过程的不确定性、交易的经常性三个影响交易成本的交易特征入手,对移动云计算联盟的产生动因做如下分析:

首先,从资产专用性角度而言,资产的专用性越强,交易双方的依赖性就越强,从而交易双方的契约关系也就越有必要保持其长期性和连续性。联盟通过组织化的市场,使联盟中的各方"共同占有"专用性资产并实行共同监督,从而可以有效地减少机会主义行为、稳定交易关系和节约交易成本。但是,在经济生活中,通常构成核心竞争力的具有高度专用性的资产由内部控制;构成补充竞争力的、具有较高程度或中度专用性的资产则可通过联盟来更有效地获得,并为联盟各方共同占用和监督;而不具备竞争力的、具有低度专用性的资产则通过市场交易有效地获得。因此,当企业面临着中间产品市场的不完全或者对技术的保密性要求较高时,企业通过联盟来获取关键性资源的要求就越高,即企业加入移动云计算联盟的动力就会越充足。

其次,从交易过程的不确定性来看,由于市场环境和消费者偏好等因素不断地变化,一方面难以将要发生的各种变故预先在契约中加以设定,从而契约签订后会显著地增加交易主体的不适应性成本和调整成本;另一方面,如果将这种未来的不确定性纳入契约中,又将显著的提高契约的签订成本。首先,通过建立联盟,企业、政府、高校及研究机构、金融机构可以利用联盟组织的相对稳定性来抵消外部市场环境的不确定性,从而减少因不确定性而导致的交易成本;其次,建立联盟可以增强合作伙伴对不确定性商业环境的认识能力,企业、政府、高校及研究机构、金融机构之间通过信息交流和密切交往可以实现更好的沟通从而缓解信息不完全的问题,并大大减少信息费用;最后,移动云计算联盟还可避免由于信息不对称(Information Asymmetry)而导致的道德风险(Moral Hazard)和逆向选择(Adverse Selection)。因此,企业、政府、高校及研究机构、金融机构为克服这种交易的不确定性而加入联盟的动力显而易见。

最后,从交易的经常性来看,交易双方必须选择一个特殊的制度安排,以减少经常性交易中反复签约而产生的交易成本。移动云计算联盟的组建可以使企业、政府、高校及研究机构、金融机构等交易主体在联盟的组织中进行经常性的重复交易,从而避免了重复签约而产生的谈判、缔约等交易成本,也增强了市场交易的灵活性。此外,移动云计算联盟还可以促进交易主体在这一组织中相互学习,从而减少因交易主体的"有限理性"而导致的各种交易成本。

综上所述,移动云计算联盟这种介于市场和一体化组织企业之间的中间组织形式,使得合作的各方可以规避或者降低高额的市场交易成本,又可避免或减少完全内部化所导致的较高的管理成本。因此,移动云计算联盟是为有效利用企业和市场双重优势的一种组织创新,它不仅可以保持联盟成员的相对独立性,又可提高资源的利用效率,同时还增强了企业、政府、高校及研究机构、金融机构及中介组织的战略灵活性。

2.2.1.2 联盟效率边界模型的构建

威廉·乌奇(Ouchi,1980)指出企业所需要的在什么情况下应该从哪里购买或者应该自己制造,这些问题归结为"效率边界"问题。对于 MCCA 来说,联盟的效率边界的确定是使得联盟实现有序、稳定运行的关键所在,交易费用是影响联盟效率边界的最重要的因素,因此本书是在其他影响因素不变的情况下考虑交易费用的因素。

龙勇(2011)构建了企业战略联盟组织模式选择模型,并且对战略联盟的效率边界进行研究,他将企业战略联盟效率边界看作业务规模或活动的集合。效率边界具有动态性源于企业与外部环境、企业自身能力等条件的影响,不同的企业交易能力及交易特点都有差异,这种差异导致他们生产经营的业务集合规模具有可调性。为了界定 MC-CA 效率边界内涵,进一步探讨 MCCA 的效率边界问题,即图 2-1 中 B 到 B'' 的变化,本书在此基础上,针对 MCCA 特点及优势,将该模型改进并应用于云计算中,从交易费用的角度探讨 MCCA 的效率边界问题。由于在 MCCA 中,知识的转移即下文中的技术购买是产生其交易费用的重要因素,因此本模型的展开主要针对云计算联盟内的技术购买方面。

1. 模型假设

假设 1:有限理性、机会主义,该假设也是威廉姆森交易成本经济学假设之一;

假设 2:成员企业所面临的市场是不完全竞争市场;

假设 3:不考虑规模经济问题;

假设 4:联盟成员具有交易和研发双重属性。

2. 模型构建

为了得到 MCCA 交易费用的取值范围，找到 MCCA 效率边界点，假设某 MCCA 成员在实现某一目标的过程中需要 $n+1$ 项技术，从第一项到第 n 项在企业内部均拥有完成能力，第 $n+1$ 项技术从 MCCA 中的其他联盟伙伴那里购买获得最低的交易费用，因此从其他联盟伙伴那购买所产生的交易费用一定要小于联盟自己研发以及从联盟外部即市场购买，这样即可得到 MCCA 的交易费用范围，三种情况的利润函数如下所示：

$$\pi_0 = P - (\sum_{i=1}^{n} c_i + mc + c_{n+1} + \Delta mc + I_{c_{n+1}}) \qquad (2-1)$$

$$\pi_1 = P - (\sum_{i=1}^{n} c_i + mc + c'_{n+1} + Cr) \qquad (2-2)$$

$$\pi_2 = P - (\sum_{i=1}^{n} c_i + mc + c''_{n+1} + Cr_1) \qquad (2-3)$$

联盟成员企业自己研发第 $n+1$ 项技术的利润函数为式（2-1），第 $n+1$ 项技术能获得的利润用 π_0 表示；P 代表整个项目的收益；c_i 表示第 i 项技术的成本；前 n 项技术所需的总管理成本用 mc 表示；联盟第 $n+1$ 项技术的研发成本用 c_{n+1} 表示；第 $n+1$ 项技术在联盟内部研发所增加的管理成本用 Δmc 表示；$I_{c_{n+1}}$ 表示联盟研发第 $n+1$ 项技术后的市场进入成本。

联盟成员企业从市场购买第 $n+1$ 项技术的利润函数为式（2-2）。其中 π_1 表示联盟从市场购买第 $n+1$ 项技术的利润；P、c_i、mc 代表的含义与式（2-1）相同；联盟成员从市场购买第 $n+1$ 项技术的交易成本用 Cr 表示，即转移成本。

联盟成员企业从 MCCA 成员中购买第 $n+1$ 项技术的利润函数为式（2-3）。其中 π_2 表示联盟从其他联盟伙伴购买第 $n+1$ 项技术的利润；P、c_i、mc 代表的含义与式（2-1）相同；企业从联盟伙伴购买第 $n+1$ 项技术产生的成本用 Cr_1 表示。如果将 Cr 看作是科斯所说的利用价格机制的成本，那么 Cr_1 可以看作组建联盟的成本、云平台的搭建维护管理成本，主要的还是知识的转移成本。要比较 π_0、π_1、π_2 的大小，只需比较 $c_{n+1} + \Delta mc + I_{c_{n+1}}$、$c'_{n+1} + Cr$ 以及 $c''_{n+1} + Cr_1$ 的大小。

由于市场越来越趋向于不完全竞争的形态，显然，$c'_{n+1} \geqslant c_{n+1} + \Delta mc$，也就是说，在不完全竞争市场上，任何企业不会以其成本出售产品，通常 $c'_{n+1} = (c_{n+1} + \Delta mc)(1+r)$，其中 r 为成本加成率。该联盟成员在与其他伙伴建立联盟的初期也将通过付出一些成本来得到第 $n+1$ 项技术在价格上的优惠，即 $c''_{n+1} = c'_{n+1}(1-t)$，$t$ 表示在市场价格上的折扣率。在 MCCA 中，相对于其他的中间组织其优势尤为明显，用户可以将自己应用的组件配置到多个云计算平台中，从而实现资源配置的优化组合，以缩短反应时间和提高访问速度。另外，在 MCCA 中，联盟成员还可以通过租用的方式来相互使用对方的计算资源,为了节约更多的转移费用,选择比较相近的服务器推送,因此定义 $Cr_1 = Cr(1-i)$,其中 i 表示联盟交易成本比市场交易成本节约的比率。那么比较 $c_{n+1} + \Delta mc + I_{c_{n+1}}$、$c'_{n+1} + Cr$ 以及 $c''_{n+1} + Cr_1$ 的大小,转化为比较 $c_{n+1} + \Delta mc + I_{c_{n+1}}$、$(c_{n+1} + \Delta mc)(1+r) + \dfrac{Cr_1}{1-i}$、$(c_{n+1} + \Delta mc)(1+r)(1-t) + Cr_1$ 三者的大小。若要使得 π_2 最大,那么有

$$\begin{cases} (c_{n+1} + \Delta mc)(1+r)(1-t) + Cr_i \leq c_{n+1} + \Delta mc + I_{c_{n+1}} \\ (c_{n+1} + \Delta mc)(1+r)(1-t) + Cr_1 \leq (c_{n+1} + \Delta mc)(1+r) + \dfrac{Cr_1}{1-i} \end{cases} \quad (2-4)$$

由以上两个式子联立解得交易费用 $\Delta Cr'_1$ 的取值范围

$$\dfrac{t(c_{n+1} + \Delta mc)(1+r)(1-i)}{i} \leq \Delta Cr'_1 \leq I_{c_{n+1}} + (t-r+rt)(c_{n+1} + \Delta mc)$$

即当交易费用在这一取值范围内的时候,联盟稳定运行的同时其知识流动、技术转移创新的效果也尤为明显,确保其利益最大化。

3. 模型分析

交易费用的确定为 MCCA 的效率边界的界定奠定了基础,科斯(Coase,1993)认为成本最小化的那一点应该为边界,因此,云计算联盟的效率边界点 $B = \dfrac{t(c_{n+1} + \Delta mc)(1+r)(1-i)}{i}$,且 $B'' = I_{c_{n+1}} + (t-r+rt)(c_{n+1} + \Delta mc)$。如图 2-1 所示,$B$ 和 B'' 点分别是 ΔCs 和 ΔCr 的交点及 ΔCs 和 $\Delta Cr''$ 的交点,那么效率边界点的变动就随这三条曲线的变化而决定。曲线的变化情况分析如下:

(1)产业联盟生产成本节约额曲线的移动变化情况,即 ΔCs 的移动变化情况。当生产成本节约额增加时,曲线 ΔCs 向上移动,使得图 2-1 中的 K、K'' 向右移动,最终得到的结果是:MCCA 的更多类型的交易可以在 K 值更低的位置进行,这些交易也可以通过联盟活动来有效进行。同理,当生产成本节约额较小时,产业联盟活动就将在较小的空间中进行。

(2)产业联盟交易转移成本增加额曲线的移动变化情况,即 $\Delta Cr''$ 的移动变化情况。当交易转移成本增加额降低时曲线 $\Delta Cr''$ 向下移动,图 2-1 中 K、K'' 向右移动,最后的结果是:K 值增加,意味着联盟的活动范围扩大,联盟的共享效果会更好,其业务空间也会更大。相反,当交易转移成本增加额变大时,联盟将在较小的空间中开展共享等。

(3)上述两条曲线同时移动情况。在现实中,生产成本节约额曲线和交易成本增加额曲线也可能同时移动,那么就会有 4 种组合,分别为生产成本节约额曲线上升、交易成本增加额曲线上升;生产成本节约额曲线上升、交易成本增加额曲线下降;生产成本节约额曲线下降、交易成本增加额曲线上升;生产成本节约额曲线下降、交易成本增加

额曲线下降。在这 4 种组合中,两条曲线的任何移动结果决定了效率边界。

4. 效率边界控制策略

为了实现联盟利益最大化,将其规模控制在合理的范围内,在联盟中扩大 MCCA 效率边界,使得更多交易在联盟中进行,本书提出以下三个策略。

(1)降低 $\Delta rs''$ 策略。首先,建立知识共享云平台。在一个 MCCA 内部,联盟成员只有高效地获取所需信息,才能有效地降低知识转移的费用,因此从 MCCA 整体出发建立知识共享云平台,这样联盟成员就可以从庞大的知识云中快速找出可用知识,提升自身竞争力。其次,建立 MCCA 信任机制,加强成员之间的合作精神,减少机会主义,是有效降低交易转移费用的途径之一。经济交往离不开信任。在 MCCA 中,由于每一个联盟成员企业基本都是专业化的,成员之间存在着比较紧密的产业关联和产业互补关系,在他们紧密的知识共享活动中,将信任看作一种软机制,必然成为降低交易费用的重要影响因素,增强成员间的信任完善信任机制对曲线 $\Delta Cr''$ 的移动控制起到重要的作用。

(2)增加 ΔCs 策略。在 MCCA 中,获得更低的成本也是联盟竞争力的一项体现,因此生产成本的变动是影响联盟效率边界的重要因素,在 MCCA 中可通过云库存管理对生产成本曲线 ΔCs 进行控制,云库存管理能够以最快的速度对库存的变动做出反应,一旦库存不足,及时补充,那么可变成本以及固定成本都将会降低,最终反映成生产成本降低。

(3)增加 ΔCs 同时降低 $\Delta Cr''$ 策略。首先,通过合资的方式增加某些类型交易中双方的技术共享而降低生产成本,同时为了减少交易成本,有效地抑制机会主义。因而扩大联盟活动的效率边界,要同时移动 ΔCs 和 $\Delta Cs''$。在此基础上,用合理的交易量去控制生产成本以及交易转移费用,创造适度规模交易的条件是建立云联盟协调机制非常重要的一个方面。合理的交易量是保障交易费用最低的关键所在,可以科学地分析相关数学模型,探索到合理交易量。此外,交易时间的合理控制也是降低交易成本的途径,因此要加大控制力度尽可能缩短交易周期,从而使两条曲线 ΔCs 和 $\Delta Cr''$ 达到一个适当的水平,控制交易费用的发生额。

2.2.2　基于资源观视角的动因分析

资源依赖理论源于一个开放的体系结构,强调资源的外部来源,认为资源必须从组织赖以生存和发展的外部环境获得,获取资源的需要在组织与外部个体之间创造了依赖性;为了降低依赖性,组织必须取得对关键资源的控制以尽量减少对其他组织的依赖和取得对那些能增加其他组织对其产生依赖的资源的控制,因此,在资源依赖理论学者看来,移动云计算联盟是为联盟各方提供了一种相互利用互补性资产的伙伴关系。

资源基础理论更强调资源的内部来源和资源与竞争优势之间的密切关系,强调聚集和使用有价值的资源来实现企业价值最大化,而有价值的企业资源往往是稀缺的、不可模仿和不可替代的,因此,在资源基础理论看来,资源的积累和交易是战略上的需要,进而将移动云计算联盟视为联盟成员为获得异质资源的战略选择。因为,如果所有的资源都可以在要素市场以合理的价格获得,那么企业、政府、高校及研究机构、金融机构及中介组织也就不会建立联盟,因为联盟往往招致较高的管理成本,而且会牺牲一些组织控制权。持资源基础理论观点的学者认为,对企业、政府、高校及研究机构、金融机构而言,成功的联盟是那种能够利用各种相关资源和能力并形成优势的战略。

从资源角度来解释移动云计算联盟形成的道理却很简单:移动云计算联盟中的各方在联盟前自身都拥有一定的资源,但是在竞争激烈的市场环境下,仅仅依靠自身的资源难以确立、维持或者提升各自的竞争优势,因此,当对资源的需求不能有效地通过市场交易或内部培育获得的时候,通过组建移动云计算联盟就可以交换或共享企业、政府、高校及研究机构、金融机构各自拥有的资源。当单个联盟企业遇到行业共性问题时,往往不具有解决问题的足够资源,包括资本、技术、品牌、知识产权、市场、公共关系等等。移动云计算联盟是企业成员共同投入资源,以解决产业共性问题的有效工具。

从联盟主体的外部资源和内部资源两个角度进行动因分析。

1. 移动云计算联盟的外部资源动因

所谓外部资源动因,是指存在于企业、政府、高校及研究机构、金融机构和中介组织等移动云计算联盟主体之外的,能对移动云计算联盟的形成起推动作用的影响因素。外部资源动因通过诱导、驱动或转化为联盟主体的内在动因,来促使移动云计算联盟形成,同时移动云计算联盟只有结合外部资源动因的推动,才能持续激发合作主体的热情,维持联盟的存续。外部资源动因主要是市场因素,市场是移动云计算联盟成功与否的最终试金石。移动云计算联盟以成员企业为主导,用成员企业的市场表现作为衡量联盟绩效的最高标准,所以蕴含在市场需求中的经济利益是移动云计算联盟形成最直接、最根本的外部动力。企业的研发能力往往与市场需求存在差距,企业为了抓住稍纵即逝的机会,便会向高校及研究机构、金融机构寻求合作。这样,市场便间接促使了移动云计算联盟的形成。

2. 移动云计算联盟的内部资源动因

移动云计算联盟的内部资源动因,是指企业、高校及研究机构、政府等移动云计算联盟主体对组建移动云计算联盟的内部驱力。内部资源动因是移动云计算联盟产生的决定性因素,虽然外部资源动因具有诱导、唤起合作主体内在动因的功能,但是外部资源动因只有通过内部资源动因的作用才能形成真正的联盟动力。

（1）企业的内部资源动因。决定和影响企业参与移动云计算联盟的内部资源动因主要有两个。首先是企业的创新意识，即企业内生的通过移动云计算联盟实现技术创新的欲望、在联盟过程中洞察和把握联盟机会能力和最终引发激发联盟行为的内在心理。这种意识来源于技术创新活动能给企业带来市场机会和政策机会和由此产生的经济利益。其次在于企业内部科技资源的不足。当企业意识到自己的科技资源难以满足其技术创新目标的实现时，便会把视点转向寻求高校、科研机构等合作的伙伴。

（2）高校及科研机构的内部资源动因。就高校及科研机构而言，移动云计算联盟是高校及科研机构在市场经济条件下，拓展自己研究视野、开拓研究经费来源、培养复合型人才的必然选择。高校及科研机构参与移动云计算联盟的内在动力不仅仅是获得经济利益，更重要的是实现研究开发活动的社会价值，提高自己的学术水平，并使自己的研究活动在移动云计算联盟的体制中进入良性循环状态。与企业相比较，高校及科研机构对非经济利益追求的动机更强。移动云计算联盟对高校及科研机构而言很重要的作用是提高了其研究开发能力。

（3）政府的扶持政策。目前，我国的市场经济尚在发展之中，市场机制的建立还有待完善，所以仅仅依靠市场来推动移动云计算联盟的发展难以获得成功，特别是规模大、风险高的项目更是如此。所以，政府的政策对于推动移动云计算联盟的发展起到非常重要的作用。政府通过制定保护知识产权、促进技术成果转让等相关有效政策，解决我国经济建设中存在的粗放式扩张现状，为移动云计算联盟成长提供一个更为广阔的空间。

2.3 移动云计算联盟的组织运行模式

在 MCCA 组织模式的构建过程中，联盟内各层次相关的成员如何加入联盟，各层次成员如何在价值网虚拟空间中集结成网并进行合作成员选择、资源共享、项目合作等经济活动，同时这些经济活动又是如何影响 MCCA 组织网络的演化结构，即如何通过构建共享资源池形成完善的 MCCA 组织的创新与管理模式，已成为 MCCA 研究的出发点和首要问题。因此，围绕上述分析，本书从 MCCA 组织结构的复杂网络视角揭示 MCCA 组织模式构建过程，通过对 MCCA 组织模式框架构建、模型仿真，为 MCCA 运作提供有效的组织模式与发展途径。

2.3.1 组织的复杂性分析

MCCA 的组织结构是构成其组织运行框架的基础，也是 MCCA 组织运行模式的重要支撑。在 MCCA 组织运行过程中，其组织节点、组织连接关系、组织结构将会随时发生变化,使 MCCA 组织结构呈现出复杂网络的特征。

1. MCCA 组织节点复杂性

由于 MCCA 成员突破地域限制的虚拟运作特征,产业链上大量跨地域的移动运营商、基础设施制造商、终端制造商、基础设施服务提供商、基础设施解决方案商、集成商、平台服务提供商、平台运营商及其技术支持团队、平台服务开发商、软件服务提供商、软件开发商等均可深入加入其中,使得 MCCA 组织网络的节点类别及数量众多,且各成员除共享所需资源外,具有相对独立性,具有高度感知和认知能力。

2. MCCA 节点连接关系复杂性

MCCA 是由各节点组成,但要构成复杂网络系统,节点间还必须有复杂的关系链条,通过这些链条紧紧把节点连接起来。

(1)基于成员的连接。MCCA 作为一个以合作关系为纽带的战略联盟,具有完整的组织系统和特定的连接渠道。内部组织结构基本相同,都是由产业链上各成员构成。联盟组织机构的主要任务是联盟内各成员在政府、高校及科研机构、金融机构等支持下围绕移动云计算产业发展核心问题,搭建联盟内部组织连接,推动各成员开展广泛产业链合作,突破产业发展核心问题,提升整体竞争实力。

(2)基于技术的连接。技术链是一个既体现交易费用又体现生产性技能与知识积累的概念。技术链宏观形成网络内成员间技术衔接与缺口弥补,微观形成实质是云技术学习和革新过程。MCCA 设计众多技术实现,各主体技术并不是同步发展的,存在着技术势差,这使得以技术协同发展为目的的 MCCA 网络主体间技术连接成为必要。

(3)基于价值链的连接。MCCA 的成立有利于价值链上的成员优势互补,在网络经济日益复杂的情况下,从组织内部价值创造各环节寻找有效的提高效益的途径越发单一,这就促使各组织依据价值链规律寻求组织间的价值协作创造活动,MCCA 产业链上各成员通过优势互补,求得整体收益最大化。

3. MCCA 组织结构复杂性

MCCA 共享各成员优势资源聚集成为资源云中心,实现以更快的速度,更高的产业竞争实力,提供更被需求的产品和服务,从而提升产业整体竞争实力。究其本质,是介于市场与企业之间的一种纯竞争性中间组织。在 MCCA 组建过程中,其组织结构会面临如下问题:

(1)联盟结构动态可重构性。MCCA 受政府政策,产业链上下游企业等很多方面的影响,联盟组织每时每刻都在遭受着外界动态的影响。尤其是组织结构比较稳定的网络联盟形式,为了提高对外界环境的适应性,从联盟组织到成员,都要具有可以快速整合的多功能服务的动态结构。

（2）联盟运行与成员管理协同性。MCCA 内成员除了合作关系外，还具有竞争关系，因此联盟需要良好的管理机制促进成员协同合作，形成增值效应。

（3）联盟的整体优化及稳定性。MCCA 是面临着众多复杂问题的大系统，用户的售后服务及技术支持，对联盟整体优化及稳定性至关重要。

通过上述 MCCA 节点复杂性、连接关系复杂性、组织结构复杂性分析可知，MCCA 是一种较为复杂的组织形式，因而它也就面临着比较复杂的管理问题。因此，针对联盟特征，建立简化联盟复杂网络系统，明确地认知联盟内在结构逻辑和功能形态，对促进联盟发展十分必要。

2.3.2　组织运行的影响因素

MCCA 组织运行是伴随着 MCCA 产生及发展过程中新联盟成员的不断加入、原有联盟成员的退出，联盟内成员间将不断涌现出新的经济活动关系以及原有经济活动关系发生转化甚至消失，这些活动关系在时间维度与空间维度上累积将呈现出 MCCA 组织结构的时间变化形态与空间变化形态，直接反映出联盟中各主体的行为趋势及联盟整体的行为取向。而在 MCCA 组织运行研究过程中，MCCA 组织为何运行及如何运行成为亟待解决的首要问题。本书在对 MCCA 组织运行影响因素分析基础上构建其组织网络运行框架，从网络视角揭示 MCCA 组织运行的内涵与本质。

MCCA 组织内各节点的自发行为和期间相互作用所表现出的网络自组织过程是推动 MCCA 组织运行的关键，而各节点间的资源依赖与能力互补、节点间合作与竞争以及节点准入与退出则是影响 MCCA 组织运行的主要因素。

1. 网络节点资源依赖与互补

资源依赖理论认为在开放的环境中企业不具备成长所需的全部资源，必须从外界环境中获取，并形成对外界的资源依赖关系，而资源的重要性与稀缺性决定了其依赖程度。在 MCCA 中，各网络节点决定了 MCCA 组织网络主要包含移动云计算领域新技术与知识、高校及科研院所的智力资源、市场与资金资源以及政府产业发展与引导等四种资源，其中移动云计算领域新技术与创新知识归属于云计算、大数据等核心技术企业与高校、科研院所的智力投入，市场与资金归属于相关企业及金融服务机构的有效运营，政策归属于各地政府对产业的扶持。各网络节点拥有的资源优势同时决定其在 MCCA 中的核心竞争能力。因此，移动云计算产业核心企业或其他组织机构根据自身所需资源在 MCCA 内跨地域寻找与其合作的其他企业、高校及科研院所、投融资机构及相关政府部门，以实现自我持续成长。

2. 网络节点合作与竞争

MCCA 组织网络内节点依据资源互补关系既相互独立又彼此依赖,在参与 MCCA 专业分工的虚拟化运作中维持着长期的交易与合作关系,并形成多种虚拟化合作形式。根据所需资源的重要性及稀缺性,网络节点在 MCCA 成员池内选择合作伙伴过程中,将择优选取信任度高、核心竞争力强的网络节点进行合作,此时网络节点采取合作策略以应对竞争激烈的市场环境。但随着合作的进一步深入,网络节点迅速发展,特别是在网络资源及产品市场容量有限的条件下,节点间的竞争动机逐渐大于合作意愿,为谋求高技术产业的高收益而最终采取竞争策略,使原有节点间的合作关系破裂。随着时间及合作进程的变化,MCCA 组织网络节点间的合作与竞争关系将随时改变,并使 MCCA 组织网络运行成为达到竞合平衡的复杂网络系统。因此,这种基于资源依赖、互补及网络节点合作、竞争所表现出的网络节点自发行为成为 MCCA 组织网络运行的内部驱动力。

3. 网络节点准入与退出

MCCA 组织网络时刻与外界进行资源与信息的交流,MCCA 外的移动云计算产业核心企业及其他组织机构通过 MCCA 的审核可随时加入 MCCA 中,并与 MCCA 组织网络内节点建立联系,成为 MCCA 组织网络的新节点;同时,部分网络内节点在竞争压力下的生存能力逐渐减弱,与其相连接的网络节点为规避自身风险将断开彼此间的连接关系,使其逐渐退出 MCCA 组织网络。在 MCCA 组织网络运行的过程中,移动云计算产业核心企业及相关组织结构的准入与退出是不断进行的,进入及退出的程度(速度)不同,将使 MCCA 组织网络处于不同的生命周期运行阶段。这种基于网络节点准入与退出过程所表现出的网络自组织过程成为 MCCA 组织网络运行的外部驱动力。

2.3.3　组织运行框架

通过对 MCCA 组织运行影响因素的分析,得出组织运行的内部与外部驱动力,使组织获得了运行成为复杂、动态网络的源动力,但组织依据何种运行模式,如何运行等问题仍有待解决。因此,在上述分析基础上,本书为揭示 MCCA 组织运行原理,构建了 MCCA 组织网络运行的框架模型,如图 2 - 2 所示。

图 2 - 2 中,地理空间分散的众多移动云计算产业核心企业(Mobile cloud computing industry core enterprise,MCCE)、地理集中的移动云计算产业集群(Mobile cloud computing industry cluster,MCCIC)、高校、科研院所及政府通过 MCCA 信息服务平台在以互联网为主要载体的网络空间上得以聚集并申请加入 MCCA,在 MCCA 成员池内寻找潜在的合作伙伴,建立合作关系,参与 MCCA 的虚拟化运作。

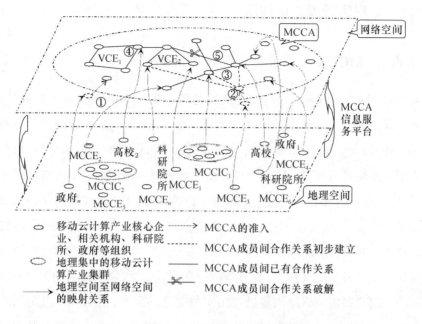

图 2 - 2 MCCA 组织运行的网络框架模型

其中,符号①表示跨地域的移动云计算产业核心企业或相关组织机构在 MCCA 信息服务平台注册并申请加入 MCCA;符号②表示 MCCA 外的移动云计算产业核心企业及相关组织机构经过准入审核成为 MCCA 的正式成员,并在 MCCA 成员池内择优寻找合作伙伴,初步建立彼此间的合作关系,在 MCCA 组织网络内从新网络成员出发建立多条关系连接边;符号③表示 MCCA 已有成员间合作关系的建立,即在 MCCA 组织网络内成员节点间建立一条新的关系连接边;符号④表示 MCCA 成员间通过合作而组成的虚拟合作企业(Virtual Cooperation Enterprise,VCE)。HTVE 合作方式灵活,能在短时间内整合联盟内优势资源,实现移动云计算产品对市场的快速响应。MCCA 组织网络内则以成员节点间闭合的环形关系连接边表示;符号⑤表示由于 MCCA 成员间、成员与虚拟企业间、虚拟企业与虚拟企业间存在竞争,这将使原有的 MCCA 成员间合作关系破裂,由此将引发 MCCA 组织网络成员节点间关系连接边被剪断。

由上述分析可以看出,MCCA 成员间合作、竞争关系的变化直接影响 MCCA 组织网络结构的形态,同时网络结构的运行能反映出 MCCA 整体的运行状况。通过 MCCA 组织网络结构运行的分析,可实现对 MCCA 成员经营活动状态的监管,优化整合虚拟联盟资源,协调成员间合作与竞争关系,以达到快速提升虚拟联盟的整体竞争实力的目的。

2.3.4 组织运行模式的构建

2.3.4.1 MCCA 组织网络运行模式的规则

MCCA 组织网络运行是一个动态复杂的过程。首先,MCCA 是一个开放的系统,其发展依赖于联盟内、外部环境之间不断的物质、能量、信息交换,其网络运行过程具有开放性;其次,MCCA 组织网络成员众多,网络成员能够根据所处环境调整自身行为,当其生存环境发生改变时,其行为可能产生"突变",即表现为新网络成员的加入或原有网络成员的迁出,原有 MCCA 组织网络内部结构被打破,由此 MCCA 组织网络内成员数量及彼此活动关系发生变化,使其网络运行具有动态性;最后,MCCA 组织网络内的移动云计算产业核心企业是自适应主体,具有较强的目的性、主动性和积极的"活性",能够与其他虚拟联盟成员发生交互作用,并与其进行合作或竞争,争取最大的生存空间并延续自身的利益。虚拟联盟网络结构将呈现出实时变化的形态,使 MCCA 组织网络运行的形态具有多样性。本书通过对 MCCA 组织网络运行动因、网络运行机理及网络运行特征的分析,从中提取出 MCCA 组织网络运行模式构建的四种基本规则。

1. 增长规则

由于网络节点资源依赖、互补关系,因此打破地理限制的 MCCA 可将地理分散的资源、技术在其网络内得以有效整合,同时依托各层次网络价值互补点可以形成层次间的合作关系建立,必将有效鼓励各成员积极共享资源,为联盟良好运行提供规则保障。

2. 择优连接规则

MCCA 新网络成员进行合作伙伴选择及合作关系建立时遵循择优连接的规则:一方面,新网络成员趋向与 MCCA 内拥有较多合作关系的核心网络成员进行合作;另一方面,成员间的竞争使新网络成员更加趋向与拥有核心技术及产品、高水平研发团队、资金实力雄厚及市场竞争能力强的 MCCA 成员进行合作。

3. 自增长规则

MCCA 组织网络内成员间的经济活动关系密集。在 MCCA 发展过程中,依据择优连接规则网络成员间的合作关系将会随时发生,MCCA 组织网络关系连接边的数量将逐渐增多。

4. 反择优衰退规则

由于 MCCA 组织网络内成员间的激烈竞争,网络内竞争能力较弱的成员面临巨大生存压力与挑战,此时与之合作的其他网络成员在择优连接的规则下会谨慎考虑甚至解除彼此间的合作关系,以降低自身的经营风险。

在 MCCA 组织网络运行增长与择优连接规则作用下,MCCA 组织网络将逐渐运行为无标度网络,其网络结构形态分布不均,网络内具有较强竞争力的成员企业或机构拥有大量连接并成为 MCCA 组织网络的集散节点。这些集散节点所代表的移动云计算产业核心企业、高校、科研院所、政府及相关服务机构成为 MCCA 组织网络核心成员,起到重要的作用。同时,MCCA 组织网络运行自增长与反择优衰退规则改变网络内成员间合作竞争关系,其内部结构将同时产生变化。在 MCCA 组织网络运行规则与内、外部环境的共同影响下,MCCA 组织网络最终运行成为结构复杂、高度连通的自组织网络开放系统。

2.3.4.2　基于复杂网络的 MCCA 组织运行模型构建

为了刻画 MCCA 组织网络运行的过程,本书以复杂网络理论及 BA 无标度网络运行模型为基础,构建了 MCCA 双向择优网络运行模型。BA 无标度网络运行模型是 1999 年由 Barabdsi A. L. 和 Albert R. 提出,该网络度分布函数 $P(k)$ 随网络节点度 k 的变化表现为幂律形式,即 $P(k) \propto k^{-\gamma}$,其中 $\gamma = 3$,并指出节点增长和择优连接是产生幂律分布的两大因素。与随机网络及小世界网络相比,BA 无标度网络运行模型虽然能很好地描述许多现实网络的运行情况,但其运行规则过于简单,对现实网络的复杂运行过程难以进行细致的描述:一方面,BA 网络运行模型的仅以网络节点度 k 的多少为依据进行择优选择,将使网络内连接度 $k = 0$ 的孤立节点无法获得新网络连接,同时原有网络的集散节点将始终获得更多连接。这种择优运行规则与实际网络运行行为存在差异,且忽视了网络节点自身具有的吸引能力。另一方面,BA 网络运行模型在其增长规则内只考虑了新网络节点的加入及新网络节点与已有网络节点之间的运行行为,而忽视了网络内部节点之间新连接的产生、原有连接的消亡等网络内部运行行为。

针对上述问题,本书对原有 BA 网络运行模型进行了适当扩展:首先,根据 MCCA 组织网络运行择优连接规则,在 MCCA 组织网络运行模型内引入代表网络成员自身竞争力的吸引因子 δ 以弥补原有 BA 网络运行模型的不足。对新网络成员竞争力的评价可以作为 MCCA 组织网络准入机制的依据,同时也可成为新网络成员择优连接的重要参考条件,体现 MCCA 组织网络运行双向择优特性。其次,以 MCCA 组织网络自增长与反择优衰退运行规则为指导,在原网络内节点间以择优概率 $\varPi(k_i)$ 建立新连接边,同时以反择优概率 $\sum \varPi^*(k_i)$ 删除节点间已有连接边,进而描绘出 MCCA 组织网络内部运行趋势。MCCA 双向择优网络运行模型具体算法如下:

步骤 0:网络初始设定 $t = 0$ 时,网络内至少有 $m_0(m_0 > 1)$ 个网络节点,且节点的度

之和为 k_{m_0}。

步骤1:择优生长,增加一个新网络节点,新节点与网络中原有的 m(其中,$m \leqslant m_0$,$m > 0$)个不同节点相连接,产生 m 条新边,且新节点与旧节点 i 相连接的择优概率 $\Pi(k_i)$ 与节点 i 的度 k_i 以及节点 i 自身所具有的初始吸引因子 δ_i 相关,即

$$\Pi(k_i) = \frac{k_i + \delta_i}{\sum\limits_j (k_j + \delta_j)} \qquad (2-5)$$

其中,k_i 是节点 i 的度;δ_i 为节点 i 的自身初始吸引因子;$\sum\limits_j (k_j + \delta_j)$ 为网络中其余节点的度数与初始吸引因子之和。

步骤2:在原网络中再增加 n 条新连接边(其中 $n \geqslant 0$),新连接边的两个端点均以式(2-5)中择优概率 $\Pi(k_i)$ 被选取。

步骤3:在原网络中删除 c 条已有连接边(其中 $c \geqslant 0$),删除连接边的两个端点均以反择优概率被选取,旧节点 i 成为被删除连接边的一个端点的概率为

$$\Pi^*(k_i) = \frac{1 - \Pi(k_i)}{N(t) - 1} \qquad (2-6)$$

用 $N(t)$ 表示在 t 时刻 MCCA 组织网络所有节点的数量,即 $N(t) = m_0 + t$,总度数 $\sum k = k_{m_0} + 2(m + n - c)t + \sum \delta$,而 $(N(t) - 1)^{-1}$ 是归一化系数,使得 $\sum\limits_i \Pi^*(k_i) = 1$。

步骤4:在步骤0的初始条件下,MCCA 组织网络在此后的每一个时间步长内都会经过步骤1至步骤3的运行阶段,直到达到一个稳定运行状态。

2.3.4.3 MCCA 组织运行模型求解

本书采用复杂网络理论的分析方法,对 MCCA 组织运行步骤进行分析,推导出 MCCA 组织网络运行模型度及其分布的表达形式,讨论网络幂指数(度分布指数)的取值范围,以验证 MCCA 组织网络的无标度特性。MCCA 组织网络中随机选取一个拥有 k 条连接边的成员节点概率 $P(k)$ 称为网络的度分布。MCCA 组织网络成员节点度分布状况与网络运行的拓扑结构信息及网络成员间的动力学行为紧密相关,可以体现出 MCCA 组织网络成员间合作与竞争状态:一方面,MCCA 组织网络运行的度分布服从幂律分布,且完全由幂指数(度分布指数)所确定;另一方面,MCCA 组织网络度分布的刻画成为网络社会关系的建立、网络知识传播与扩散等动态活动研究的基础。目前,已知确定拓扑结构网络的度分布求解较易,而动态运行复杂网络的度分布求解仍较困难。研究无标度网络运行模型度分布求解的理论方法主要有平均场理论方法、速率方程法和主方程法,三种方法所求得的度分布运行规律是一致的。其中,平均场理论方法将离散

节点度连续化,以每一运行时间步内网络节点的连接概率描述网络整体度的变化情况,列出网络节点度的运行微分方程,进而得到 MCCA 双向择优网络运行模型随时间运行的度分布规律。MCCA 双向择优网络运行模型成员节点度 k_i 的变化率推导如下:

(1)择优生长,增加一个新的节点,以择优概率 $\Pi(k_i)$ 与原有 $m(m \leqslant m_0, m > 0)$ 个不同节点相连接产生 m 条新边,择优概率 $\Pi(k_i)$ 与节点 i 的度 k_i 以及节点 i 自身所具有的初始吸引因子 δ_i 相关,则有

$$\frac{\partial k_i}{\partial t} = m\Pi(k_i) \tag{2-7}$$

(2)在原网络中增加 $n(n \geqslant 0)$ 条新边,这时有

$$\frac{\partial k_i}{\partial t} = n\left[\Pi(k_i) \times 1 + \sum_{j \neq i} \Pi(k_j)\Pi(k_i)\right] \tag{2-8}$$

其中式(2-8)右边表明网络内节点的连接度从两个方面增加,式中 $\Pi(k_i) \times 1$ 表示以择优概率选择网络内原有节点 i 作为新增连接边一个端点所引起度增长的变化率, $\sum_{j \neq i} \Pi(k_j)\Pi(k_i)$ 表示在原有网络内选取节点 $j(j \neq i)$ 为新增连接边另一个端点所引起度增长的变化率。

(3)在原有网络中删除 $c(c \geqslant 0)$ 条已有连接边,删除连接边的两个端点均以反择优概率 $\Pi^*(k_i)$ 被选取,这时有

$$\frac{\partial k_i}{\partial t} = -c\left[\Pi^*(k_i) \times 1 + \sum_{j \neq i} \Pi^*(k_j)\Pi^*(k_i)\right] \tag{2-9}$$

其中式(2-9)右边表明网络内节点的连接度从两个方面减少,式中 $\Pi^*(k_i) \times 1$ 表示以反择优概率选择网络内原有节点 i 作为删除连接边一个端点所引起度减少的变化率, $\sum_{j \neq i} \Pi^*(k_j)\Pi^*(k_i)$ 表示在原有网络内选取节点 $j(j \neq i)$ 为删除连接边的另一个端点所引起度减少的变化率。

在第 t 时刻,网络节点度的变化率可由式(2-7)~(2-9)累加表示,MCCA 组织网络运行的动力学方程为

$$\frac{\partial k_i}{\partial t} = m\Pi(k_i) + n\left[\Pi(k_i) \times 1 + \sum_{j \neq i} \Pi(k_j)\Pi(k_i)\right] -$$
$$c\left[\Pi^*(k_i) \times 1 + \sum_{j \neq i} \Pi^*(k_j)\Pi^*(k_i)\right] \tag{2-10}$$

当 $t = t_i$ 时刻,MCCA 新网络成员的度 $k_i(t_i) = m + \delta_i$,其中 δ_i 为该新网络成员节点的吸引因子,且假设用 $<\delta>$ 来表示网络内各节点吸引因子 δ 的数学期望,当 t 充分大时有

$$N(t) - 1 = m_0 + t - 1 \approx t$$

$$\sum_j k_j = k_{m_0} + 2(m+n-c)t + \sum \delta_j \approx 2(m+n-c)t + <\delta> t \quad (2-11)$$

将式(2-11)代入式(2-10)中,MCCA 组织网络运行动力学方程即可化简为

$$m\Pi(k_i) + n[2\Pi(k_i) - (\Pi(k_i))^2] - c\left[\frac{2(1-\Pi(k_i))}{t} - \frac{(1-\Pi(k_i))^2}{t^2}\right]$$

$$\approx \frac{(m+2n)(k_i+\delta_i)}{k_{m_0}+2(m+n-c)t+\sum\delta_j} - \frac{n(k_i+\delta_i)^2}{[k_{m_0}+2(m+n-c)t+\sum\delta_j]^2} -$$

$$\frac{2c}{t} + \frac{1}{t} \cdot \frac{2c(k_i+\delta_i)}{k_{m_0}+2(m+n-c)t+\sum\delta_j}$$

$$\approx \frac{(m+2n)(k_i+\delta_i)}{k_{m_0}+2(m+n-c)t+\sum\delta_j} - \frac{2c}{t}$$

$$= \frac{(m+2n)(k_i+\delta_i)}{2(m+n-c)t+<\delta> t} - \frac{2c}{t} \quad (2-12)$$

对式(2-12)MCCA 组织网络运行动力学方程进行求解得

$$k_i(t) = \left\{\frac{-2c[2(m+n-c)+<\delta>]}{m+2n} + 2\delta_i + m\right\}\left(\frac{t}{t_i}\right)^{\frac{m+2n}{2(m+n-c)+<\delta>}} +$$

$$\frac{2c[2(m+n-c)+<\delta>]}{m+2n} - \delta_i$$

$$= A\left(\frac{t}{t_i}\right)^{\alpha} - A + m + \delta_i \quad (2-13)$$

其中指数 α 及系数 A 为

$$\alpha = \alpha(m,n,c) = \frac{m+2n}{2(m+n-c)+<\delta>} \quad (2-14)$$

$$A = A(m,n,c) = \frac{-2c[2(m+n-c)+<\delta>]}{m+2n} + 2\delta_i + m \quad (2-15)$$

由 $k_i(t)$ 表达式可知所有节点的度按同一方式运行,即都以幂指数为 α 的幂函数形式增加,且在 t 充分大时达到度分布遵循幂律的稳定运行状态。利用式(2-13),可以得到在 t_i 时刻加入网络的节点在 t 时间步的度 $k_i(t)$ 小于 k 的概率表达式为

$$P\{k_i(t) < k\} = P\left\{t_i > t\left(\frac{A}{k+A-m-\delta_i}\right)^{\frac{1}{\alpha}}\right\}$$

$$= 1 - P\left\{t_i \leq t\left(\frac{A}{k+A-m-\delta_i}\right)^{\frac{1}{\alpha}}\right\} \quad (2-16)$$

由于每一个时间步都有且仅有一个节点加入到原网络中,因此 t_i 服从均匀分布,其概率密度为

$$P(t_i) = \frac{1}{m_0+t} \quad (2-17)$$

将式(2 – 17)代入式(2 – 16)中,可得

$$P\{k_i(t) < k\} = 1 - \frac{t}{m_0 + t}\left(\frac{A}{k + A - m - \delta_i}\right)^{\frac{1}{\alpha}} \qquad (2 - 18)$$

由此可以得到节点 i 在 t_i 时刻网络节点的度分布为

$$p(k) = \frac{\partial P(k_i(t) < k)}{\partial k} = \frac{t}{m_0 + t} \cdot \frac{1}{\alpha} \cdot A^{\frac{1}{\alpha}}(k + A - m - \delta_i)^{-\frac{1}{\alpha} - 1} \qquad (2 - 19)$$

当 $t \to \infty$ 时,对式(2 – 19)中的 t 求极限,可得

$$p(k) \to \frac{1}{\alpha} \cdot A^{\frac{1}{\alpha}}(k + A - m - \delta_i)^{-\gamma} \qquad (2 - 20)$$

式中 $\gamma = 1 + \frac{1}{\alpha} = \frac{3m + 4n - 2c + <\delta>}{m + 2n}$。

上述结果表明,MCCA 组织网络度分布 $p(k)$ 具有幂律特性,由 MCCA 双向择优网络运行模型所生成的网络将自组织运行成一个幂指数(度分布指数)为 γ 的无标度复杂网络,该模型是对 BA 网络运行模型的改进与扩展。由 MCCA 组织网络运行模型算法描述可知, $m > 0, n \geq 0, c \geq 0$。同时,MCCA 组织网络是一个增长的开放网络,网络内节点及节点间连接边的数量是逐渐递增的,则有 $m + n > c$。将上述参数的取值范围代入式(3 – 10)与式(3 – 16)中,求得 $0 < \alpha < 1, 2 < \gamma \leq 3$。因此,MCCA 运行网络的幂指数 γ 的取值范围与许多实际网络的幂指数取值范围相吻合,例如新陈代谢网络 $\gamma = 2.2$,蛋白质网络 $\gamma = 2.4$,万维网 $\gamma = 2.1$ 等。

2.3.4.4　MCCA 组织运行模式的模拟仿真

为验证 MCCA 双向择优网络运行模型仍是一种无标度网络运行模型及其网络度分布具有无标度特征,本书采用 Matlab 2010 多主体仿真技术,对 MCCA 组织网络运行模式的运作过程进行模拟,并提出如下假设。

假设 1:MCCA 组织网络内,节点竞争力吸引因子 δ 的分布近似为正态分布。根据 MCCA 形成初期的实际情况,其网络内拥有高核心技术及产品、高水平研发团队及雄厚资金实力的移动云计算产业核心企业较少,且网络内存在大量具有潜在竞争能力的其他移动云计算产业核心企业,因此节点竞争力吸引因子 δ 的分布近似趋向正态分布。

假设 2:在 MCCA 组织网络运行的某一特定阶段内,其网络运行状态具有稳定性,因此可假设在 MCCA 组织网络运行模拟仿真中,运行模型参数 m、n、c 恒定不变。

如图 2 – 3 中(a)所示:MCCA 初始网络拥有 15 个成员节点,且彼此间拥有一定数量的关系连接边。此后,每一个时间步长 t 内,新增加 1 个成员节点,与网络内 5 个成员节点建立关系连接边($m = 5$);在网络内成员节点间以择优概率 $\Pi(k_i)$ 增加 3 条连接边

$(n=3)$;在网络内成员节点间以反择优概率 $\Pi^*(k_i)$ 删除 2 条连接边$(c=2)$。MCCA 组织网络以上述运行规则进行仿真模拟,直至网络内节点数量 $N(t)=100$ 时停止运行。图 2 – 3 中(b)、(c)、(d)分别是网络内节点数量达到 40、70、100 时,MCCA 组织网络运行仿真拓扑结构的形态。

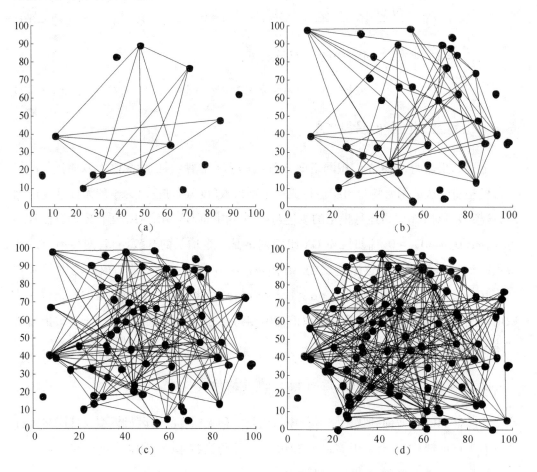

图 2 – 3 MCCA 组织网络运行过程仿真示意图

在 MCCA 组织网络运行仿真过程中,对网络各成员节点度进行统计分析得到各节点度的散点图,如图 2 – 4 中(a)所示,横坐标为网络中各节点编号,纵坐标表示各节点对应的度 k。在 MCCA 仿真网络中,存在节点度 k 较大的中枢节点,节点度呈现出幂律分布的特征;同时,以网络中度 k 为横坐标,以度连接概率分布情况 $\ln p(k)$ 为纵坐标可得到 MCCA 组织网络度分布变化曲线图,如图 2 – 4 中(b)所示。从中可以看出 MCCA 双向择优网络与 BA 无标度网络呈现出相同的度概率分布变化趋势。由上述仿真结果可知:MCCA 双向择优网络运行模型仍然是一种无标度网络运行模型,是对原有 BA 无标度网络运行模型的扩展,特别当 δ_i、n、c 均为 0 时,该模型将退化为 BA 无标度网络运行模型。

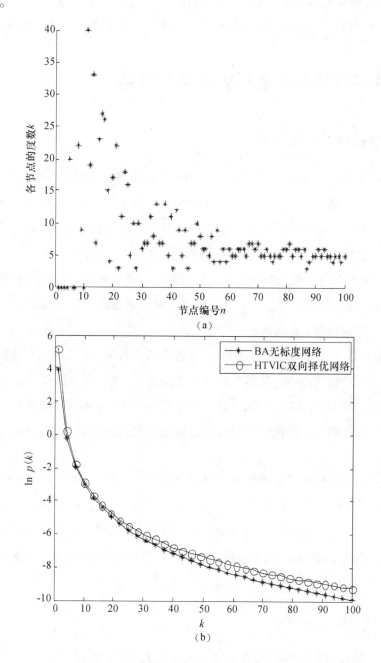

图 2-4 MCCA 双向择优网络运行模型度分布图

MCCA 双向择优网络运行模型在网络成员合作与竞争的环境下较好地解释了 MC-CA 的产生及发展过程。由 MCCA 成员间活动行为的分析捕捉到 MCCA 组织网络运行的实际规律,并以此为依据在网络运行模型中引入 δ、n、c 等变化参数,与 BA 无标度网络运行模型相比较更加具有一般性与普适性,进一步验证了 MCCA 组织运行模式的合理性。此外,通过参数的调节可以实现网络运行特征的调整,使 MCCA 组织网络运行的过程可调可控,并为下一步研究 MCCA 知识等问题提供了理论基础和参考依据。

2.4 移动云计算联盟知识类型与特征

2.4.1 联盟知识管理内涵

MCCA 知识管理指在 MCCA 范围内,发挥 MCCA 成员各自知识优势和积极性,通过 MCCA 在战略支持与组织、文化、技术以及对市场适应的交互作用,实现高质量知识管理能力。知识管理的目的在于不断实现知识优化配置和价值创造,进而提升 MCCA 整体竞争能力。据此定义,MCCA 知识管理的内涵主要包括两方面:

(1)知识管理为 MCCA 带来持久竞争优势的能力。围绕着战略目标的实现,MCCA 必须将各成员的知识聚合到一起,并实现有序化。而知识管理则是实现知识从无序到有序状态的一个有效且现实可行的手段。

(2)知识管理是 MCCA 内部管理体制、企业核心知识的拥有量及成员对这种核心知识的依赖程度共同作用的结果。MCCA 通过内部协调,实现一般知识和核心知识的共享,把具有不同目标和利益的成员联结在一起,使 MCCA 真正成为成员利益和命运共同体。知识管理所实现的是知识优化配置和价值创造,而价值的创造表现为核心知识的应用与创新。

MCCA 以组织临近代替了地理临近,成员间频繁的交流与合作等活动都伴随着知识的共享,如何利用 MCCA 的集体优势,整合集群内的知识,并通过知识管理实现成员自身知识的扩充与丰富。知识管理强调的是知识流动,在知识接收方和知识拥有方不断促进知识流动的努力下,最终达到能够高效利用知识的目的,使知识在更大范围内实现价值。

2.4.2 联盟知识类型

移动云计算联盟知识的类型,可从联盟知识的存在形态、外在化程度、知识是否表现为信息等角度和分类方法来进行分类。

1. 显性知识和隐性知识

依据联盟知识的属性,可将联盟知识划分为显性知识和隐性知识。所谓显性知识(Explicit knowledge),指的是容易被人们学习,存储在云端知识库中的知识,存储的形式有诸如文档、流程图、制度体系、方法、产品等多种形态各异的载体;而隐性知识(Tacit knowledge)和显性知识相对,是指那种知道但难以言述的知识,主要包括工作诀窍、经验、视点、价值体系等,是难以用文字明确表述的技能知识和人力知识,隐性知识存在于个人头脑、组织的特殊关系之中,它与联盟组织成员相关,流动性较大,容易因为知识使用频率过低或者跟随人员的流动而流失,或存在于特定的规范、态度、信息流程以及决策方式之中,如联盟内企业的生产方式,也有可能存在于联盟之外,如生产供应网络,或联盟内企业之间,如价值链等。

2. 内部知识和外部知识

从知识的范围来看,分为内部知识和外部知识。内部知识是指联盟内部所拥有的各种知识,包括品牌、商标、专利、发明、报告以及员工所拥有的个体知识;外部知识是指移动云计算联盟以外的知识,其他联盟、企业或组织所掌握的知识,有利于联盟发展并能为联盟所获取的各类知识,如联盟外部的各种市场需求、技术发展、人才、政策等信息或知识,与联盟外部知识的交流可以扩展联盟成员的学习范围,拓宽创新思路,为移动云计算联盟知识系统提供"新鲜血液"。内部知识是联盟所拥有的,可在联盟范围内共享、传播、创新、应用,并可为联盟带来巨大的经济利益,是联盟知识和创新的最重要部分。但相对于外部知识而言,移动云计算联盟内部知识是有限的、区域性的,往往缺乏开放性,需要外部知识的补充和发展。移动云计算联盟发展需要充分利用内部知识和外部知识的整合,广泛地收集各种知识,包括集群内外部的各种经济发展政策、科技发展情况及趋势、市场需求变化的情况等知识,加强对外开放和内部交流,为移动云计算联盟创新积累和整合更多的内外部知识,促进联盟内外部知识的交流与共享。

3. 核心知识和非核心知识

按知识对移动云计算联盟的作用大小,可将知识划分为核心知识和非核心知识。核心知识是指能使联盟企业为顾客带来特别利益的独有技术,并使该技术迅速、高效地转化为高质量的产品和服务的能力,核心知识也是联盟企业核心竞争力的重要组成,是区别于其他联盟企业竞争优势的本质属性;非核心知识是指辅助核心知识的产生、形成和发展的相关知识,如移动云计算联盟基础性知识和共性知识,以及一般性的产业联盟制度、文化、环境要素等知识。核心知识是联盟核心竞争力提升的特殊资源,也是联盟自主创新的重要源泉,可使企业持续开发新产品和开拓市场,获取持续的竞争优势。核心知识并不是在联盟创建之初就有的,而是联盟在长期发展过程中逐步形成并不断加强创新所构建的。非核心知识尽管没有核心知识重要,但是也是保持和促进核心知识发展的重要支持性力量和基础,在某些方面为促进移动云计算联盟核心知识发展发挥着重要的桥梁和媒介作用。

4. 实体知识和过程知识

从知识状态看,可以将移动云计算联盟知识分为实体知识和过程知识。从静态来看,移动云计算联盟知识或者联盟企业知识是由一定的载体(包括组织和个人或者相关主体和媒介)所包含的,可将其看成是一个个"实体",从动态的视角考察,联盟知识是不断演化、交流、扩散、创新等有一定运行过程的知识,可将联盟知识看成是一个过程,知识本身的运行变化在组织的经营活动中也形成知识流程。在移动云计算联盟的知识系统中,企业行为涉及实体知识的获取、传递、利用、整合与创造等一系列过程知识活动,并形成新的实体知识和再次运行的过程知识的整合,成为实体知识与过程知识不断交互作用的系统化知识螺旋体。

5. 个体知识、企业知识、联盟知识和网络知识

移动云计算联盟是一个多层次、多因素、多维度的知识系统,移动云计算联盟的知识分布、扩散和共享发生在不同的层级,各个层级之间互相影响和关联。利用整体分析方法可以将知识分析由企业知识的两个层次扩展到移动云计算联盟的五个层次,移动云计算联盟知识系统框架依次由个人级知识、企业级知识、产业级知识、协作网络级知识以及联盟级知识五个层级构成,而不同层级间的相互重叠与交往则促成了联盟知识网络。

本书借鉴该成果,并将产业知识和联盟知识层次合并,即分为个体知识、企业知识、联盟知识、网络知识等四个层次的知识。因为产业价值链是联盟知识的纵向表现,也是属于联盟知识的重要方面,而网络知识层面,本书认为主要包括联盟外部知识,如区域层面和跨区域层面(国家层面和国际层面等)的知识。个体知识(Individual knowledge)是指联盟内企业和员工所拥有和可以利用的知识和信息。联盟内个体知识主要是隐性知识,是深藏于企业家和员工头脑、心理和行为之中的抽象性、逻辑性、经验性和技能性的知识。企业知识是移动云计算联盟知识构成的主体部分。所有的企业都是不同类型知识的混合体。成功的企业不仅在于对知识价值链各个环节进行管理,而且在于优化各个环节之间的关联,加快知识流动速度,使知识成为企业永不枯竭的资源。联盟知识可以理解为所有联盟企业知识系统的整合。移动云计算联盟中的企业不仅仅是分布在一条价值链上,事实上存在一个企业与多个企业、其他利益主体所构建的多重的协作关系,这种多重的、相互交织的企业间知识协作关系可以被描述成协作网络,而这些企业为运行这一网络而使用和整合的知识就是协作网络知识。网络知识从广义的角度考察,不仅包括联盟内部的网络知识,还包括跨联盟区域的网络知识,特别是流动在互联网上的各种有关产业发展的信息、技术和知识的共享。由于网络技术、通信技术和计算机技术等的发展,经济全球化、网络化、知识化程度日益加深,充分利用和整合各种跨区域的全球网络知识,才能紧跟知识创新步伐,最快捷地利用全球创新知识,实现知识共享、知识创新与提升核心竞争力。

2.4.3　联盟知识管理特征

移动云计算知识管理具有如下特征:

(1)知识的碎片化。移动云计算中,参与移动云计算产业运作的众多同质与异质联盟成员势必拥有大量细粒度的知识,其中同质联盟成员的知识相似度较人,而异质联盟成员知识关联性则较强,这些知识以"知识云滴"的形式存在于联盟成员"知识云"中,并呈现出知识内容颗粒度细小的碎片化特征。

(2)知识活动的虚拟化。移动云计算,以网络云平台为中心,打破地理限制,将移动云计算中各成员海量异构知识与联盟公有知识经过统一虚拟化逻辑抽象与表示存储于"知识云"中,使联盟各成员根据自身知识缺口的大小,通过知识共享与转移等多种利用方式从"知识云"中以按需使用、随时扩展、按使用付费的知识获取模式来弥补其知识缺口。

(3)知识存量高且流速快。移动云计算的建立,其知识优化配置优势将吸引大量基础设施提供商、网络运营商、内容提供商、平台软件与应用服务提供商的加入,使移动云计算在短时间内可拥有较高的知识存量。联盟成员规模的扩大,加速了以知识为核心的成员间合作与竞争经济活动,使知识在联盟内得以快速流动。

(4)知识的增值性特征。移动云计算知识整合与利用是知识成为资本及其价值增值和价值实现的关键环节。知识只有在进行有序整理、跨组织传递并被有效使用时其价值才能得以显现,且不会随着使用的增加而减少,此时知识成为资本进而实现资源的价值转化与增值。

(5)知识的创新特征。在移动云计算"知识云"的支撑下,一方面移动云计算可在云端进行深入的知识挖掘与分析,体现海量知识的深层次本质内容,从而不断产生新的知识;另一方面,联盟成员在知识整合与利用所获取的新知识经过消化、吸收及积极创造,逐渐形成新的知识,使知识总量得以提升。同时,移动云计算"知识云"高速存储与计算的信息处理能力可满足联盟成员持续不断知识创新的需求,提升联盟知识利用效率。

(6)知识活动的风险性。移动云计算是由多个相互独立移动互联网企业与相关组织机构组成,联盟成员彼此间既存在共同利益,又存在各自不同的私有利益。基于"知识云"的移动云计算知识整合、利用及创新活动及成果既可以提高联盟整体绩效,又可使联盟成员个体获益。一方面,联盟成员根据自身发展需要分享核心知识从而获取更多的经济利益;另一方面,知识共享也导致移动云计算成员面临更激烈的竞争,如果产权保护不完善可能导致知识大部分外化,核心技术泄露,失去主要的竞争优势。

2.5 移动云计算联盟知识管理框架设计

2.5.1 基于价值网的移动云计算联盟知识增值机理

在 MCCA 内,大量的跨地域成员依据资源共享性原则,以市场为导向,对云计算、移动互联网等领域研发资源进行整合和能力互补,在此过程中,MCCA 发展成为一种介于企业和市场间的中间组织形式,其成员会根据自身资源及能力情况,以不同参与度非完全性地加入一个或者多个协同合作中,联盟的竞争优势已从依靠市场机制向共享环境下较低交易成本和资源共享的多渠道、多层次、多角度网络式联盟而转变。因此本书将从 MCCA 价值网形成与构建视角,对 MCCA 知识管理体系进行设计。

为通过合作关系较快地促进产业整体优势的演进与形成,MCCA 将产业链各成员优势知识进行有效整合与利用,提供大量市场机遇,其依据产业整体竞争优势进行价值创造及增值的商业模式必将吸引成员加入其中,并在产业链的各个环节形成多种合作模式。联盟根据移动云计算产品与服务的研发需求,加快合作速度,提高合作频率,成为联盟内知识整合、利用与创新的主要途径。其中,大量的跨地域 MCCA 成员合作是基于知识合作的一种跨组织经济行为,联盟内知识在多成员间流动,有效发挥了产业协同合作的整体优势,知识的整合、利用与创新主要源于 MCCA 成员间在价值创造及增值环节上的相互合作,主要体现在:一方面,按照联盟服务层次划分,围绕移动云服务研发项目,处于产业链各环节的成员围绕知识整合、利用与创新展开多层次合作关系;另一方面,在 MCCA 内,每个成员既是知识提供者也是知识获取者,有其自身不同的节点价值,如果成员间知识互补,将迅速突破组织界限,形成跨组织合作关系。这些合作关系本质上是基于知识交流而实现的多层次交叉合作关系,也是联盟价值网络节点间的链接关系。

在联盟内部驱动及外部市场环境共同影响下,成员间基于知识合作的关系协同演化,并在知识整合、利用与创新的过程中,形成价值创造与协同增值的价值体系。以顾客价值为核心,以成员间合作关系为纽带,以提升联盟整体竞争实力为发展战略的 MC-CA 价值网。

MCCA 成员间存在的知识合作活动是一种以跨组织互补性、异质性为基础,以市场机遇与需求驱动为导向,以合作提升知识利用效率,以知识交流促进移动云计算产业发展,知识优化配置及动态创新的价值创造过程。同时,通过云技术和移动通信技术的支撑,使 MCCA 打破产业线性模式发展成非线性网络化模式,在知识合作活动中有向选择,推动移动云计算产业协同发展,实现产业战略发展目标,促进 MCCA 在扩大价值创造空间,进行价值创造与创新。因此,为把握 MCCA 知识管理过程,探究 MCCA 价值创造体系,揭示 MCCA 知识增值机理,本书构建了 MCCA 知识合作价值网模型,如图 2-5 所示。

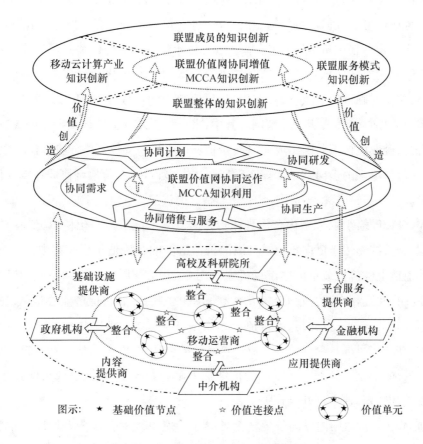

图 2-5　MCCA 知识合作价值网模型

如图 2-5 所示,MCCA 合作与资源共享价值网中各成员价值创造范围得到了扩展,并形成了基于知识合作的 MCCA 价值创造效应。价值网中各主体打破原有产业链层级性维度,重构不同网络层次间关联性维度,并形成协同运作的网络效应。同时,成员个体竞争实力随着联盟整体竞争力的提升得到了有效提高。此外,MCCA 在知识流动作用下,由无序向有序不断协同演化,逐渐演变为具有开放式的复杂网络系统。价值网的组织结构、协同运作及增值是 MCCA 价值创造、价值增值、价值实现的核心环节,各环节紧密相关、逐层深入,成为 MCCA 知识管理的支撑体系。

1. MCCA 知识合作价值网形成

在 MCCA 知识合作价值网模型中,联盟内众多跨地域成员既是服务提供者又是服务对象,分散于联盟各层次结构,并在同层次和不同层次间分别形成了可以协同运作的价值单元。随着价值单元协同效应显著,价值单元内的 MCCA 成员作为联盟价值网基本价值节点,同样不断涌现形成具有多种合作模式的协同运行网络,各成员间也依据自身节点价值形成复杂的动态合作关系。因此,在 MCCA 价值网内,产业链同层次同质价值单元内各成员可以依据市场机遇、知识合作进行具有经济效应的价值创造横向相连,形成 MCCA 单层次横向价值链;同时基于移动云计算产业链合作关系可使跨层次异质价值单元纵向相连,进而形成 MCCA 纵向价值链。MCCA 内横向价值链与纵向价值链相互交错,并在基础价值节点、价值连接点、价值单元间形成促进 MCCA 成员个体价值增值和 MCCA 整体价值升级的价值网。其中,来自联盟外部打破地域限制的政府、高校及科研机构、金融机构等共同组成 MCCA 价值网的引导与支撑网络,通过对 MCCA 基础价值节点、价值单元的多向辅助支撑实现创新合作,为 MCCA 价值网协同运作提供高度保障环境。

在 MCCA 价值网内,联盟内合作具体转化为基础价值节点与价值单元间的知识的整合过程,并共同作用于横向价值链与纵向价值链上的各价值单元。其中,MCCA 价值网横向价值链上各价值节点依据市场机遇与用户需求,开展同层次网络上的经济效应合作关系。在此过程中,为节约交易成本与获取更多收益,各价值节点会积极识别具有节点价值互补的成员进行交易,各价值节点依据自身资源及能力优势整合所需相关知识。此外,在合作目标日趋一致并形成快速有效的合作模式时,会吸引产业链上更多的同质成员的加入,这又为 MCCA 横向价值链扩大市场参与率,使同质成员间技术交流、知识流动更加频繁,建立良好合作关系。

同时,MCCA 价值网内纵向价值链上各异质价值单元的合作关系形成是本着价值增值原则进行的,由于移动运营商转型、云计算技术更新速度快、研发项目丰富等多种因素,会在跨层次间形成具有高度价值增长点的异质价值单元,这些价值单元更多关注的是依靠异质知识共享与合作,弥补横纵价值链不足,以知识合作促进联盟知识池的形成,淡化不同层次间异质价值单元间的差异与界限,同时依靠知识池激发更多合作机会,有效提升联盟运行动力,营造同异质横纵价值链间的相互交互,保证 MCCA 价值网高速运转。

2. MCCA 价值网协同运作

在移动云计算联盟价值增值过程中,知识的充分利用是联盟网络化运营的"桥梁",使不同地域的成员企业能够打破时间、空间上的限制,共同参与知识利用活动实现网络化协同。具体表现为在移动云计算联盟价值网络内,以移动云计算产品研发与服务设计为依托,实现以用户需求为导向的成员企业之间服务活动的有序衔接,即在移动云计算联盟产品与服务产品的市场需求分析、合作研发、生产制造、市场拓展及售后服务、反馈等多个阶段,快速地形成动态的、灵活的、敏捷的移动云计算联盟价值共创链条,从而促进联盟健康有序地发展。移动云计算联盟数据聚合服务价值网络的实质是在知识利用的基础上,实现知识的价值创造过程。各个成员企业基于优势互补的协同效应,在移动云计算联盟内重新定位了在网络中的位置、塑造彼此之间的新的合作关系以及实现跨组织的服务流程再造,这为移动云计算联盟不同类型的成员企业之间的合作提供了巨大的价值创造的空间。

3. MCCA 价值网协同增值

通过 MCCA 价值网的构建与基于知识合作的虚拟化协同运作,实现了 MCCA 内各成员价值创造活动在空间范围内灵活延伸及转换。MCCA 价值创造的核心是指联盟内各成员在价值创造活动过程中所实现的价值增值,包括在各合作关系中 MCCA 基础价值节点、价值单元在合作中围绕移动云技术产品进行的基于同质知识共享创造的价值增值,同时还包括在虚拟跨层次间由于移动云计算知识服务平台整合而实现的信息、知识创新以及基于价值网虚拟协同运作的价值增值流程创新,和基于市场需求的 MCCA产业链上各成员利用自身优势通过效用价值的增加或交易成本的降低而实现的价值增值,及不同云服务平台之间基于某种合作联系通过彼此间的相互协作实现规模效应、网络效应,及价值溢出效应的开放型商业模式所产生的价值增值。在上述过程中,MCCA以合作与创造共享资源最大价值为目标,通过同层次合作、跨层次合作两个维度构成价值创造,任何一个维度的创新都可以有效拓展价值增值的空间。资源共享实现交易创新,通过降低交易费用实现价值创造;整合传统以向双边或单边平台形成网络交易平台,实现增值业务流程再造消除信息不对称,反过来进一步强化平台的功能,降低交易成本从而价值增值,最终成为价值增值的新核心并实现 MCCA 价值创造体系的升级。进入云经济时代,在 MCCA 价值网协同运作、持续增值的基础上,用户的使用过程上升为价值创造活动的核心环节,因此用户信息本身成为有价值的资源,在市场影响力、用户体验的认可中,MCCA 依据用户需求在原有产品和服务基础上调整产品和服务的结构延伸出新的价值增值形式,以更好地满足用户需求增加效用价值,实现价值获取。

根据上述分析,本书认为 MCCA 价值网是联盟内各成员实现价值创新的有效载体,是 MCCA 成员间知识合作的基础,其中单层次价值创造环节中各成员价值节点间的合作与小范围同质知识共享是价值创造过程的核心,而跨层次多层次间的价值单元知识合作是联盟价值增值过程中的重要来源。因此,MCCA 各价值节点、各价值单元间的知识合作活动的协同运作,使 MCCA 充分发挥价值网络的有效运行,促使 MCCA 整体竞争优势的快速提升。

2.5.2　知识合作价值网竞合协同演化模型

依据协同学原理,一方面 MCCA 知识合作价值网内纵向与横向价值链条上的各价值单元针对共同的价值取向展开多种形式的合作,使 MCCA 的结构、规模、特性与功能在某一时间范围内整体趋于稳定;另一方面,各价值单元为谋取最大化的自身价值就关键知识进行激烈的竞争,这种竞争将打破 MCCA 原有短暂的稳定性,使其经过失稳达到新的稳定状态。合作与竞争的共同作用将成为 MCCA 自组织随机涨落的直接诱因,同时 MCCA 知识合作价值网协同增值效应将激发 MCCA 自组织随机涨落的质变,使 MCCA 自组织演化为新的有序结构。

上述 MCCA 知识价值网内合作与竞争的协同演化关系与生态学中资源与生存空间既定条件下种群数量的演化行为具有极大的相似性,因此本书引入 Lotka – Volterra 种间合作竞争模型,充分考虑 MCCA 知识对价值增值的贡献程度以及由于资源的独占性、市场的不确定性所引发的价值单元间竞争活动对价值增值的影响程度,加入体现 MCCA 跨地域虚拟化协同运作推动价值增值的协同效应因子,对原有 L – V 模型进行适当扩展与改进,以构建 MCCA 知识价值网合作与竞争协同演化的动力学模型。

2.5.2.1　模型的构建

将 MCCA 价值网内价值单元在移动云计算产品与服务研发、生产、销售等环节所创造的价值设为 x_i,r_i 表示价值单元 i 依据自身核心能力所实现的价值增长率,k_i 表示价值单元 i 在一定时间范围 t 内所能创造的最大价值,且受价值单元 i 拥有知识数量的限制;在合作环境下,α_{ij} 表示价值单元 j 对价值单元 i 提供一般知识价值增长率($0 < \alpha_{ij} < 1$),β_{ij} 表示在 MCCA 知识服务平台支撑下价值单元 j 对价值单元 i 提供核心知识所产生的价值增长率($0 < \beta_{ij} < 1$);在竞争环境下,由于与移动云计算产品与服务相关知识的稀缺性与独占性使价值单元 j 对价值单元 i 的价值增长产生负面效应设为 γ_{ij}($0 < \gamma_{ij} < 1$),同时在市场激烈的竞争环境中价值单元 j 对价值单元 i 价值增长的阻碍率为 φ_{ij}($0 < \varphi_{ij} < 1$);价值单元 i 与价值单元 j 在合作与竞争过程中产生的自组织协同效应不受资源与外界环境的影响并对双方价值单元的价值增值起到推动的作用,其对价值增值的贡献率设为 δ_{ij}($0 < \delta_{ij} < 1$)。综合考虑上述因素,可构造出基于价值网的 MCCA 知识价值网合作与竞争协同演化动力学方程:

$$\frac{\mathrm{d}x_i}{\mathrm{d}t} = r_i x_i \left(1 - \frac{x_i}{k_i} + \frac{1}{k_i} \sum_{j, j \neq i} \alpha_{ij} x_j + \frac{1}{k_i} \sum_{j, j \neq i} \beta_{ij} x_j - \frac{1}{k_i} \sum_{j, j \neq i} \gamma_{ij} x_j - \frac{1}{k_i} \sum_{j, j \neq i} \varphi_{ij} x_j + \sum_{j, j \neq i} \delta_{ij} \right)$$

$$(2 - 21)$$

当在 MCCA 价值网纵向或横向价值链条上选取两个价值单元时,方程(2－21)可化简为

$$\begin{cases} \dfrac{dx_1}{dt} = r_1 x_1 \left(1 - \dfrac{x_1}{k_1} + \alpha_{12}\dfrac{x_2}{k_1} + \beta_{12}\dfrac{x_2}{k_1} - \gamma_{12}\dfrac{x_2}{k_1} - \varphi_{12}\dfrac{x_2}{k_1} + \delta_{12}\right) \\[3mm] \dfrac{dx_2}{dt} = r_2 x_2 \left(1 - \dfrac{x_2}{k_2} + \alpha_{21}\dfrac{x_1}{k_2} + \beta_{21}\dfrac{x_1}{k_2} - \gamma_{21}\dfrac{x_1}{k_2} - \varphi_{21}\dfrac{x_1}{k_2} + \delta_{21}\right) \end{cases} \quad (2-22)$$

将 α_{ij} 与 β_{ij} 共同对价值单元价值增值的推动作用以 L－V 合作系数 m_{ij} 加以表示, $m_{ij} = \dfrac{1}{k_i}(\alpha_{ij} + \beta_{ij})$, $(0 < m_{ij} < 1)$; γ_{ij} 与 φ_{ij} 共同对价值单元价值增值的阻碍作用以 L－V 竞争系数 n_{ij} 加以表示, $n_{ij} = \dfrac{1}{k_i}(\gamma_{ij} + \varphi_{ij})$ 且 $(0 < n_{ij} < 1)$,则上述微分方程组(2－22)可化简为

$$\begin{cases} \dfrac{dx_1}{dt} = r_1 x_1 \left(1 - \dfrac{x_1}{k_1} + m_{12}x_2 - n_{12}x_2 + \delta_{12}\right) \\[3mm] \dfrac{dx_2}{dt} = r_2 x_2 \left(1 - \dfrac{x_2}{k_2} + m_{21}x_1 - n_{21}x_1 + \delta_{21}\right) \end{cases} \quad (2-23)$$

其中, x_1 与 x_2 分别是 MCCA 内价值单元 1、2 所创造的价值总量,模型(2－23)代表了 MCCA 价值网内价值单元 1 与 2 价值增值的速率受到自身资源、双方合作竞争作用以及合作竞争协同效应共同影响下的动力演化系统。

2.5.2.2　模型的稳定性分析

根据微分方程稳定性分析理论,MCCA 知识价值网合作与竞争演化动力系统的稳定状态可由微分方程组(2－23)零解稳定性分析得出。通过对 MCCA 知识价值网合作与竞争协同演化动力学系统稳定性的研究可以对其自组织演化的非线性影响因素、发展方向、演化特点及系统的最终状态加以深入的了解,可为 MCCA 知识价值网合作与竞争关系的研究提供一种途径。下面将讨论微分方程组(2－23)零解的稳定性,进而研究合作与竞争环境下 MCCA 网络组织的协同演化问题。

令 $\dfrac{dx_1}{dt} = \dfrac{dx_2}{dt} = 0$,得四个平衡点 $P_1(0,0)$, $P_2(k_1 + k_1\delta_{12}, 0)$, $P_3(0, k_2 + \delta_{21}k_2)$,

$P_4\left(\dfrac{k_1(1+\delta_{12}) + k_1 k_2(m_{12} - n_{12})(1+\delta_{21})}{1 - k_1 k_2(m_{12} - n_{12})(m_{21} - n_{21})}, \dfrac{k_2(1+\delta_{21}) + k_1 k_2(m_{21} - n_{21})(1+\delta_{12})}{1 - k_1 k_2(m_{21} - n_{21})(m_{12} - n_{12})}\right)$。

根据弗里德曼(Friedman)提出的方法,MCCA 知识价值网合作与竞争协同演化系统平衡点的稳定性可由系统微分方程组(2－23)的雅可比(Jacobian)矩阵的局部稳定性分析得出,则方程组(2－23)的雅可比矩阵 **J** 为

$$J = \begin{bmatrix} \dfrac{\partial \dfrac{dx_1}{dt}}{\partial x_1} & \dfrac{\partial \dfrac{dx_1}{dt}}{\partial x_2} \\[4mm] \dfrac{\partial \dfrac{dx_2}{dt}}{\partial x_1} & \dfrac{\partial \dfrac{dx_2}{dt}}{\partial x_2} \end{bmatrix} = \begin{bmatrix} r_1\left[1 - \dfrac{2x_1}{k_1} + x_2(m_{12} - n_{12}) + \delta_{12}\right] & r_1 x_1(m_{12} - n_{12}) \\[4mm] r_2 x_2(m_{21} - n_{21}) & r_2\left[1 - \dfrac{2x_2}{k_2} + x_1(m_{21} - n_{21}) + \delta_{21}\right] \end{bmatrix}$$

$$(2-24)$$

（1）当平衡点为 $P_1(0,0)$ 时，J 的特征值 λ 分别为 $r_1 > 0, r_2 > 0$，可知 $P_1(0,0)$ 平衡点是不稳定的节点，即 MCCA 价值网内价值单元在价值创造为 0 时，MCCA 价值网是不可能存在的。

（2）当平衡点为 $P_2(k_1 + k_1\delta_{12}, 0)$ 时，J 的特征值分别为 $\lambda_1 = -r_1(1 + \delta_{12})$ 与 $\lambda_2 = r_2[1 + k_1(1 + \delta_{12})(m_{21} - n_{21}) + \delta_{21}]$。由于 $r_1 > 0, \delta_{12} > 0$，特征值 $\lambda_1 < 0$ 成立，若 $\lambda_2 > 0$，即 $1 + k_1(1 + \delta_{12})(m_{21} - n_{21}) + \delta_{21} > 0$ 时，平衡点 P_2 为不稳定的鞍点，若 $\lambda_2 < 0$，即 $1 + k_1(1 + \delta_{12})(m_{21} - n_{21}) + \delta_{21} < 0$ 时，平衡点 P_2 成为系统的稳定点。

（3）当平衡点为 $P_3(0, k_2 + \delta_{21}k_2)$ 时，J 的特征值分别为 $\lambda_1 = r_1[1 + k_2(1 + \delta_{21})(m_{12} - n_{12}) + \delta_{12}]$ 与 $\lambda_2 = -r_2(1 + \delta_{21})$。由于 $r_2 > 0, \delta_{21} > 0$，则特征值 $\lambda_2 < 0$ 成立，该点的稳定性即由特征值 λ_1 判定，此时情况同理于平衡点 $P_2(k_1 + k_1\delta_{12}, 0)$。

（4）当平衡点为 P_4 时，令 $J = \begin{bmatrix} A & B \\ C & D \end{bmatrix}$，其中：

$$A = -\frac{r_1[1 + \delta_{12} + k_2(m_{12} - n_{12})(1 + \delta_{21})]}{1 - k_1 k_2(m_{12} - n_{12})(m_{21} - n_{21})}$$

$$B = \frac{r_1 k_1[1 + \delta_{12} + k_2(m_{12} - n_{12})(1 + \delta_{21})](m_{12} - n_{12})}{1 - k_1 k_2(m_{12} - n_{12})(m_{21} - n_{21})}$$

$$C = \frac{r_2 k_2[1 + \delta_{21} + k_1(m_{21} - n_{21})(1 + \delta_{12})](m_{21} - n_{21})}{1 - k_1 k_2(m_{12} - n_{12})(m_{21} - n_{21})}$$

$$D = -\frac{r_2[1 + \delta_{21} + k_1(m_{21} - n_{21})(1 + \delta_{21})]}{1 - k_1 k_2(m_{12} - n_{12})(m_{21} - n_{21})}$$

J 的特征方程为 $\lambda^2 + p\lambda + q = 0$，特征根为 $\lambda_{1,2} = \dfrac{-p \pm \sqrt{p^2 - 4q}}{2}$。

其中 $p = -\mathrm{tr}J = -(A + D), q = \det J = A \cdot D - B \cdot C$，则有

$$p^2 - 4q =$$

$$\left\{\frac{r_1[1 + \delta_{12} + k_2(m_{12} - n_{12})(1 + \delta_{21})] - r_2[1 + \delta_{21} + k_1(m_{21} - n_{21})(1 + \delta_{12})]}{1 - k_1 k_2(m_{12} - n_{12})(m_{21} - n_{21})}\right\}^2 +$$

$$\frac{4k_1 k_2 r_1 r_2(m_{12} - n_{12})(m_{21} - n_{21})[1 + \delta_{12} + k_2(m_{12} - n_{12})(1 + \delta_{21})]}{[1 - k_1 k_2(m_{12} - n_{12})(m_{21} - n_{21})]^2} \cdot$$

$$\frac{1 + \delta_{21} + k_1 (m_{21} - n_{21})(1 + \delta_{12})}{[1 - k_1 k_2 (m_{12} - n_{12})(m_{21} - n_{21})]^2}$$

根据常微分方程平面自治系统稳定性理论可知:若 $q < 0$,则平衡点为鞍点,系统将处于不稳定状态;若 $p > 0, q > 0, p^2 - 4q > 0$,该平衡点为稳定的节点;若 $p < 0, q > 0, p^2 - 4q > 0$,该平衡点为不稳定的节点;若 $p > 0, q > 0, p^2 - 4q < 0, \lambda_{1,2}$ 为共轭复根,则平衡点为稳定的焦点。综合上述,MCCA 知识价值网合作与竞争协同演化平衡点稳定条件,可以得出以下几种系统演化稳定状态。

演化状态 1:$1 + k_1 (1 + \delta_{12})(m_{21} - n_{21}) + \delta_{21} < 0, 1 + k_2 (1 + \delta_{21})(m_{12} - n_{12}) + \delta_{12} > 0$ 时,系统向平衡点 P_2 演化。其中,P_1 为不稳定的节点,P_2 是系统演化的稳定点,P_3 为鞍点,由 $-1 < k_1 (m_{21} - n_{21}) < -\dfrac{1 + \delta_{21}}{1 + \delta_{12}}, -\dfrac{1 + \delta_{21}}{1 + \delta_{12}} < k_2 (m_{12} - n_{12}) < 1$,可知 $1 - k_1 k_2 (m_{12} - n_{12})(m_{21} - n_{21}) > 0$,则 $q < 0$,因此 P_4 亦为鞍点。此时,MCCA 价值网内价值单元 1 对 2 的竞争抑制效应强于合作互惠效应,而价值单元 2 对 1 的合作互惠效应强于其竞争抑制效应,在双方合作与竞争过程中价值单元 1 将获得最终竞争优势,实现其移动云计算产品与服务产品价值创造的最大化。

演化状态 2:$1 + k_2 (1 + \delta_{21})(m_{12} - n_{12}) + \delta_{12} < 0, 1 + k_1 (1 + \delta_{12})(m_{21} - n_{21}) + \delta_{21} > 0$ 时,系统向平衡点 P_3 演化。P_1 为不稳定节点,P_2 与 P_4 为鞍点,P_3 为系统演化稳定点。与演化状态 1 相反,此时 MCCA 价值网内价值单元 2 将获得最终竞争优势并达到价值创造的最大规模。

演化状态 3:$1 + k_2 (1 + \delta_{21})(m_{12} - n_{12}) + \delta_{12} < 0, 1 + k_1 (1 + \delta_{12})(m_{21} - n_{21}) + \delta_{21} < 0$ 时,由 $-1 < k_1 (m_{21} - n_{21}) < -\dfrac{1 + \delta_{21}}{1 + \delta_{12}}, -1 < k_2 (m_{12} - n_{12}) < -\dfrac{1 + \delta_{12}}{1 + \delta_{21}}$ 可知 $0 < k_1 k_2 (m_{12} - n_{12})(m_{21} - n_{21}) < 1$,则有 $q < 0$,平衡点 P_4 为鞍点,系统将远离该点。此时,P_1 为不稳定节点,平衡点 P_2 与 P_3 同时成为系统演化稳定点。根据常微分方程几何理论系统将以鞍点分界线 $P_1 P_4$ 为边界,将演化系统平面象限分为两个三角区域,系统演化初始状态将落入同一三角区域内,演化轨线向稳定点 P_2 或 P_3 演化,价值单元 1、2 中的一方逐渐丧失竞争优势与价值创造能力,最终被另一方兼并,系统将转向演化状态 1 或 2。这表明 MCCA 价值网内价值单元间竞争抑制效应强于合作互惠效应,围绕移动云计算产品与服务产品价值创造活动进行的过度竞争已抵消虚拟空间上集聚效应及价值单元相互协作所产生的协同效应。

演化状态 4:$1 + k_1 (1 + \delta_{12})(m_{21} - n_{21}) + \delta_{21} > 0, 1 + k_2 (1 + \delta_{21})(m_{12} - n_{12}) + \delta_{12} > 0$ 时,系统向平衡点 P_4 演化。P_1 为不稳定的节点,P_2 与 P_3 点均为鞍点。由状态 1 的条

件可知,$k_1(m_{21}-n_{21})>-\dfrac{1+\delta_{21}}{1+\delta_{12}}$,$k_2(m_{12}-n_{12})>-\dfrac{1+\delta_{12}}{1+\delta_{21}}$,则可分为两种情况判断 P_4 的稳定性。

(1)当 $-\dfrac{1+\delta_{21}}{1+\delta_{12}}<k_1(m_{21}-n_{21})<0$,$-\dfrac{1+\delta_{12}}{1+\delta_{21}}<k_2(m_{12}-n_{12})<0$ 时,$0<k_1k_2(m_{12}-n_{12})(m_{21}-n_{21})<1$,此时 $p>0$,$q>0$,$p^2-4q>0$,P_4 点为系统演化的稳定点;

(2)当 $0\leqslant k_1(m_{21}-n_{21})<1$,$0\leqslant k_2(m_{12}-n_{12})<1$ 时,$0\leqslant k_1k_2(m_{12}-n_{12})(m_{21}-n_{21})<1$,此时 $p>0$,$q>0$,$p^2-4q>0$,P_4 点亦为系统演化的稳定点。

该演化状态表明,MCCA 价值网内价值单元 1 对 2 的合作互惠效应强于竞争抑制效应,价值单元 2 对 1 的合作互惠效应同样强于竞争抑制效应,知识互惠合作使得双方在价值创造环节中资源优势互补,实现了协同发展。同时,价值单元间协同合作扩展了价值创造的空间范围,适度竞争激发了持续创新活力。这将使 MCCA 价值单元间建立起一种均衡的合作与竞争关系,在外界环境作用下,最终实现 MCCA 知识价值网合作与竞争协同演化系统的生态平衡。

2.5.2.3 模型的演化模拟

为验证 MCCA 知识价值网合作与竞争协同演化模型及其演化的稳定性,本书利用符号与数值运算系统 Maple 2021 对其上述演化的四种状态进行模拟,并给出描述系统演化状态的相图与轨线,进一步揭示 MCCA 知识价值网合作与竞争的本质规律。如图 2−6 所示,横坐标表示价值单元 1 所创造的价值 x_1,纵坐标表示价值单元 2 所创造的价值 x_2,并对其归一化使 $0<x_i<1$,同时演化动力学模型其他参量 r_i,k_i,m_{ij},n_{ij} 及 δ_{ij} 的取值范围均位于 $(0,1)$ 之间。由不同演化状态的稳定条件可构建相应的 MCCA 知识价值网合作与竞争协同演化动力学微分方程,对其演化过程进行模拟,生成四种 MCCA 知识价值网合作与竞争协同演化的模拟图。

图 2−6 是对 MCCA 价值单元 1 与 2 在不同演化条件下合作与竞争协同演化渐进过程直观与形象的刻画,图中轨线给出了动力系统从初始状态出发随时间 t 变化的价值单元间合作与竞争演化规律。通过对 MCCA 知识价值网合作与竞争协同演化模型演化模拟可知,演化系统的演化规律及稳定性与分析结果一致,进一步验证了 MCCA 知识价值网合作与竞争协同演化动力学模型的正确性。

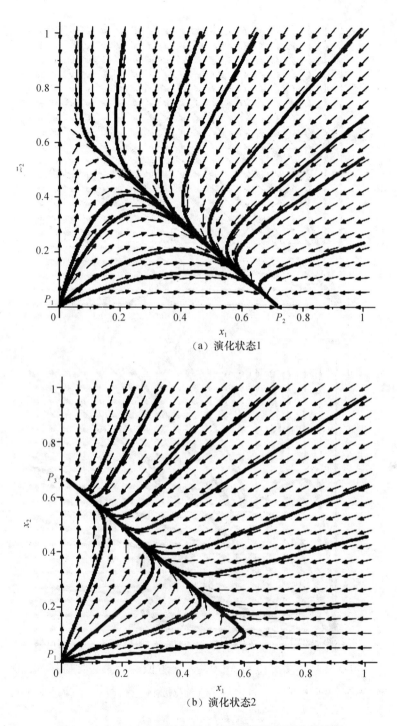

（a）演化状态1

（b）演化状态2

图 2-6　MCCA 知识价值网合作与竞争协同演化模拟图

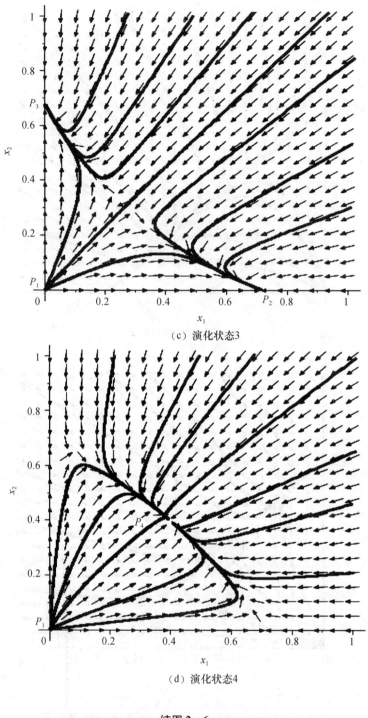

（c）演化状态3

（d）演化状态4

续图 2－6

2.5.2.4 模型演化结果分析

通过 MCCA 知识价值网合作与竞争协同演化动力学稳定性分析及其演化模拟结

果,可知演化状态 4 为 MCCA 知识价值网合作与竞争协同演化的有效平衡状态,当系统演化时间 $t \to \infty$ 时系统最终趋向于平衡点 P_4,为促进 MCCA 价值单元间的有效合作与适度竞争关系的建立,就该点的 MCCA 知识价值网合作与竞争协同演化结果展开以下讨论:

(1)由价值单元 1 与 2 在平衡点 P_4 的坐标 x_1 与 x_2 可知,提高各价值单元价值创造的最大值 k_i,可提升价值创造规模,但由于在实体空间内各价值单元所拥有移动云计算知识有限,仅凭自身能力难以提高其价值创造规模 k_i。因此,在 MCCA 价值网中,各价值单元依托移动云计算知识服务平台在虚拟空间内与其他价值单元互助合作,合理、高效地利用知识,充分发挥群体集聚优势,在 MCCA 虚拟化运作过程中产生并扩大协同效应,使价值网整体价值优于各价值单元价值创造之和。

(2)平衡点 P_4 中 x_1 与 x_2 的坐标均包含体现合作与竞争程度的影响因子,即含有 $m_{12} - n_{12}$ 与 $m_{21} - n_{21}$ 的表达式,由于 L－V 合作系数 $m_{ij} = \dfrac{\alpha_{ij} + \beta_{ij}}{k_{ij}}$,L－V 竞争系数 $n_{ij} = \dfrac{\gamma_{ij} + \varphi_{ij}}{k_{ij}}$,因此提高价值单元合作过程中一般知识的利用效率,以移动云计算产品与服务产品合作研发与生产为共同的价值创造目标,降低因资源稀缺与独占对价值创造的负面影响,避免恶性竞争的产生,提升价值单元 x_1 与 x_2 的价值创造规模。通过分析可知,加强价值网中各价值单元间的有效合作与降低不利竞争是共存双赢的。同时,平衡点 P_4 及其演化平衡条件均不包含价值增长率 r_i,表明合作与竞争协同演化平衡状态不受价值单元依据自身核心能力所实现的价值增长率影响。

(3)在平衡点 P_4 稳定性判定过程中,已知价值创造最大规模 $k_i > 0$,将第一种稳定性判定情况化为 $0 < n_{12} - m_{12} < \dfrac{1 + \delta_{12}}{k_2 + k_2 \delta_{21}}$,$0 < n_{21} - m_{21} < \dfrac{1 + \delta_{21}}{k_1 + k_1 \delta_{12}}$ 可知,此时价值单元间合作与竞争关系受自组织协同效应 δ_{ij} 与价值创造最大规模 k_i 的影响,价值单元 j 对 i 的竞争程度大于合作程度且不超过 $\dfrac{1 + \delta_{ij}}{k_j + k_j \delta_{ji}}$ 时,可使合作与竞争保持有效的协同演化平衡状态,使价值单元间的适度竞争对合作起到促进推动作用;同时,将平衡点 P_4 的第二种稳定性判定情况化为 $0 \leqslant m_{21} - n_{21} < \dfrac{1}{k_1}$,$0 \leqslant m_{12} - n_{12} < \dfrac{1}{k_2}$ 可知,此时价值单元合作与竞争关系仅受价值创造最大规模 k_i 的影响,价值单元 j 对 i 的合作程度大于竞争程度且不超过 $\dfrac{1}{k_j}$ 时,也可使合作与竞争保持在该演化平衡状态,并使价值单元间的有效合作为 HTVIC 价值创造与增值提供保障。

2.5.2.5　合作与竞争协同演化的平衡策略

由上述 MCCA 知识价值网合作与竞争协同演化的结果分析可知,要想使 MCCA 实现合作与竞争的生态平衡,就必须在 MCCA 价值网内价值单元间构建起相应的合作与竞争协同演化的平衡策略,以此引导 MCCA 平稳有序地发展,并提升联盟成员及整体的竞争实力。

(1)制定适合 MCCA 知识的合作与竞争策略,平衡联盟成员间有效合作与适度竞争的关系,避免恶性竞争与垄断的产生。在 MCCA 内既有因合作产生的相互协调、互补和促进,又有因竞争形成的相互干扰、抵消与排斥,成员间完全合作状态将使联盟缺少创新的动力,而完全竞争状态将使联盟混乱无序。因此 MCCA 应遵循恰当的合作与竞争策略,平衡两者关系,引导联盟向正确的方向不断演化。一方面,在 MCCA 虚拟化运作过程中应努力促进成员间的合作,为其提供富含市场机遇与潜在合作伙伴的联盟环境,在 MCCA 知识服务平台的支撑下,扩展各成员的经营活动空间,建立健全 MCCA 的信任机制、协调机制与资源共享机制,促进 MCCA 各成员合作关系的建立;另一方面,依托 MCCA 知识服务平台,使市场、价格等信息透明化,避免联盟成员因信息不对称产生竞争。针对合作性收益,建立公平的利益分配机制,避免恶性竞争与垄断的产生。

(2)在 MCCA 价值网内进一步加强虚拟化协同运作体系的构建,使 MCCA 成员在"竞合"环境下实现"协同演化"并产生推动价值创造的协同效应。对于传统企业价值创造过程而言,仅有企业两端的价值创造环节是开放的,而 MCCA 各移动云计算产品与服务企业成员在价值网内依据价值单元间紧密的关联融合关系,可实现价值创造环节的全开放,形成基于价值网的 MCCA 协同运作体系,使各价值单元围绕价值创造环节产生形成多种"竞合"模式,且彼此间进行着物质、信息、知识与技术等多方面的交流。在此过程中产生基于价值网的 MCCA 价值创造自组织协同效应,并推动 MCCA 在连续时间与地理空间内形成协同有序的演化发展状态,最终将协同效应及平衡有序发展的状态转化为提升联盟成员与 MCCA 整体的核心竞争能力。

(3)依托 MCCA 知识服务平台,实现联盟内部成员间及与外部环境间的实时交流,形成动态、开放、稳定及有序的 MCCA 生态平衡系统。依据以价值网为基础的 MCCA 创新型虚拟化商业运作模式,从联盟整体协调管理与联盟成员参与联盟运作两个维度,建立功能完善的 MCCA 运行管理移动云计算知识服务平台,使联盟成员间实时交流得以实现,为 MCCA 构建与运行提供支持与保障。同时,MCCA 知识服务平台为大量高校与科研院所、各地政府机构、中介机构及金融服务机构的加入提供了便捷的途径,在引入大量物质流、人才流、资金流与信息流基础上,促进 MCCA 产学研有效合作关系的建立,推动 MCCA 在虚拟空间内高效、平稳、持续地发展。

2.5.3　移动云计算联盟知识管理框架

为了促进知识在联盟成员间实现有效转移和利用,需要将移动云计算联盟中知识进行汇聚、关联、融合在一起,为移动云计算产品设计与研发提供支持,提高知识价值密度和价值活性,最终实现知识价值增值的目的。在移动云计算联盟运行过程中,针对知识不同层次的需求,需要高效地为联盟成员提供各种不同类别和不同层次的知识管理模式,满足特定情境下的差异化需求。

知识整合机制旨在将联盟内不同来源、不同服务层次、不同内容的知识进行选择、汲取与有机融合,使联盟内海量、异构、分布知识实现有序化管理,并根据移动互联网创新产品与服务对需求进行柔性重组复用,提高联盟知识的有效利用率与共享率。

知识利用机制是移动云联盟知识价值转化与实现的有效途径,其利用过程可分为知识推荐、知识转移及知识共享三个阶段。移动云联盟知识利用机制的构建,旨在弥补联盟成员与联盟整体知识缺口,促进联盟成员间及联盟内外部知识流动,以提升联盟成员与联盟整体的竞争力。

知识创新机制是移动云联盟成员在原有知识存量的基础上,通过知识创新的外部挖掘发现机制与内部知识发酵机制,实现移动云联盟的知识创新。在上述分析的基础上,本书构建了移动云计算联盟知识管理框架,如图2-7所示。

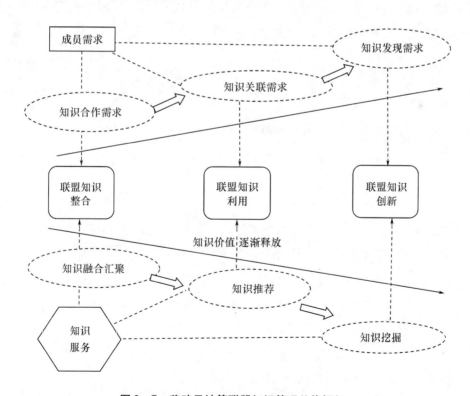

图2-7 移动云计算联盟知识管理总体框架

2.6　本章小结

本章首先对移动云计算、移动云计算联盟、联盟成员、联盟特征进行分析。在此基础上,从交易成本、资源观视角分析了移动云计算联盟产生的动因与组织运行模式。对移动云计算联盟知识的类型与特征进行分析,通过构建知识合作价值网模型,揭示了联盟知识增值机理,并分析了联盟知识合作价值网竞合协同演化的稳定均衡条件,最终构建出移动云计算联盟知识管理的总体框架。

第3章　移动云计算联盟知识整合机制

3.1　移动云计算联盟知识整合过程分析

3.1.1　移动云计算联盟知识整合内涵

知识整合是将联盟内不同来源、不同服务层次、不同内容的知识进行选择、汲取与有机融合,使联盟内海量、异构、分布知识实现有序化管理,并根据移动互联网创新产品与服务对需求进行柔性重组复用,提高联盟知识的有效利用率与共享率。联盟知识整合是提升核心竞争力的主要方式,因此移动云计算联盟知识整合的必要性如下:

(1)弥补知识缺口。移动云计算联盟是具有知识存量,进行快速持续的知识创新,面向移动云计算的技术与市场环境,形成具有竞争力的知识体系。在技术创新频率加快和竞争日趋全球化的背景下,成员知识的短缺越来越凸显出来,当自有的知识存量不能满足响应市场机遇所需的知识需求时,移动云计算联盟成员便存在知识缺口。移动云计算联盟知识整合的主要目的就是进行知识缺口的弥补,完善联盟成员自身的知识体系,使联盟成员能够在激烈的竞争氛围下以快速应对改变,创造出适应市场和用户需求的产品和服务。从而在一定条件下可以减少联盟成员自身的成本,有助于实现规模经济和范围经济,并对提升产业创新能力发挥着积极推动作用。

(2)知识存量最优化。移动云计算联盟成员对知识进行识别和表达,通过知识地图完成知识搜索和知识匹配等知识整合流程,通过联盟内知识整合,将获取的知识保存到云数据库中,增加联盟成员的知识存量。再对获取的知识进行管理、创新和应用,实现云数据库中知识质与量的协同提升,以最优的知识存量为成员自身和移动云计算联盟提供知识保障。

(3)知识价值最大化。通过移动云计算联盟知识地图的构建与使用,高效获取联盟内知识,通过知识识别与决策,将知识源中的知识含量、知识精度与知识匹配度最高的知识或知识集合供给移动云计算联盟成员,从而提高知识含量,实现知识价值最大化,有力快速推动云计算的发展。

移动云计算联盟成员能够知识整合也会对推动云计算的发展起到重要作用,联盟内也有一定的奖励、激励和保护机制,保障知识整合。

3.1.2 移动云计算联盟知识整合机理

知识生态系统是由知识生产者、知识消费者、知识分解者以及知识传递者等构成,是为了促进知识的融合以及相互作用的动态循环生态体系。本书从知识生态的视角上对移动云计算联盟知识整合进行分析,揭示移动云计算联盟知识整合过程,如图3-1所示。移动云计算联盟中知识生态链由知识生产者——知识传递者——知识消费者——知识分解者构成。为了推动云计算的发展,快速响应市场的变化,移动云计算联盟成员需要知识来弥补自身的知识差距,作为知识消费者的联盟成员会对知识产生需求。知识生产者主要是高校、科研机构还有所有移动云计算联盟的成员,高校和科研机构将提供出研究成果,联盟成员也需要将可共享的知识存储到云端,以便知识消费者进行知识整合。移动云计算联盟知识传递者是联盟内知识地图,知识生产者将可共享的知识利用本体化表示方法存储,建立联盟内知识地图,实现联盟内知识的可视化,联盟通过在联盟内进行知识选取得到需求知识。知识分解者是移动云计算联盟的管委会,联盟内的知识是具有时效性的,管委会需要对联盟内的知识进行及时的管理与维护,通过对知识的分解和维护,及时反馈到联盟的知识地图,减少联盟成员知识整合的障碍。在基于知识生态视角的移动云计算联盟知识环境影响因素包括国家的政策条件、经济情况、竞争压力、云计算技术等。

3.1.3 移动云计算联盟知识整合过程

知识整合是一个有序的过程,李玲等人(2008)提出企业知识整合主要包括知识搜索、知识辨析、知识应用及知识创新四个过程;张星等人(2011)认为知识整合包括知识描述、知识搜索、知识测评、知识重用和知识挖掘等过程;王众托(2011)提出知识整合阶段具体包括知识需求、知识识别、知识接收和知识筛选四个阶段。在知识运作过程视角下,知识整合是指依靠具体的获取模式、获取方法或者获取技术,通过对能够获得知识的源头进行识别,以需求进行知识匹配得到知识,实现知识的螺旋上升的过程。因此结合移动云计算联盟的特点并基于知识生态视角,在移动云计算联盟知识整合过程中,将知识整合分为三个阶段,分别是知识识别、知识搜索和知识匹配,这三个阶段相互影响,并有着严格的逻辑关系。

1. 移动云计算联盟知识识别

移动云计算联盟知识识别是指对联盟知识的一系列属性进行归类和甄别,利用先前积累的实践或者总结的经验,也可以利用既定的方法进行表示,即按照一定的语义关

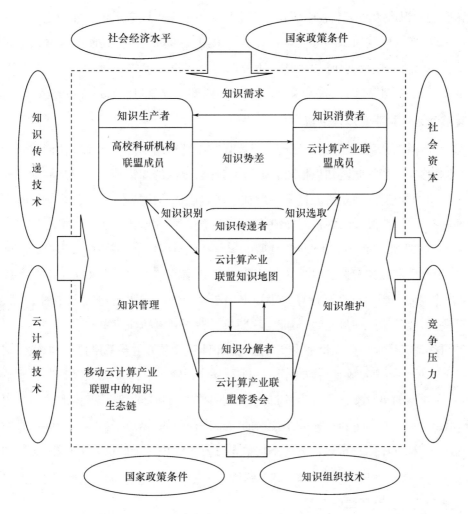

图 3-1 知识生态视角下移动云计算联盟知识整合过程

联转换成易存储和获取知识的一个动态的过程。在知识生态视角下,移动云计算联盟知识识别是知识生产者即移动云计算联盟的成员将知识转移到知识传递者联盟知识地图的过程。移动云计算联盟知识识别是知识整合的前提条件。

移动云计算联盟成员对知识进行识别后确定其可共享的知识,运用一定的方法,对知识进行分类表达,将联盟成员可共享的知识利用云存储技术保存在云端,同时根据外部环境和自身运营情况确定知识缺口。当自身的知识存量不能满足响应市场机遇变化所需的知识时,便有了知识缺口。知识缺口就是知识需求和知识供给间的差异,即联盟成员满足成长和发展需要所缺乏的知识。移动云计算联盟的知识缺口是指联盟成员成长过程中的实现其战略目标所应具备的知识和企业已有的知识之间的差异。

移动云计算联盟成员将可共享的知识运用领域本体论表示,知识本体是构建移动云计算联盟知识地图的核心。移动云计算联盟知识地图可以表示出各知识主体及主体间知识关联,实现联盟知识的可视化。通过知识搜索和知识匹配还能实现联盟成员的知识整合,通过检索、查询知识的载体,还可以解释知识元本体间、知识领域本体间、知识元本体与领域本体间的关联关系,从而更好地调度与分配知识的利用效率。

2. 移动云计算联盟知识搜索

移动云计算联盟知识搜索是移动云计算联盟成员利用本体化知识表达形成知识地图,通过对移动云计算联盟知识地图的访问,实现联盟内的知识搜索。但是移动云计算联盟中知识的分散性、海量性及增量性增加了联盟成员知识搜索的难度,影响了知识搜索的准确率和效率。因此,在进行知识搜索时选择上主要遵从以下两个方面:

(1)搜索时间。随着移动云计算联盟的运营及成员的增加,联盟中知识存量不断变大变多,给联盟成员搜索造成困难,所以用降低最优值的精度的方法来提高计算效率。

(2)全局最优性。移动云计算联盟知识地图是庞大的资源池,普通的搜索算法,如蚁群算法,因收敛于局部最优解,不能为联盟成员搜索到更精准的知识。

针对移动云计算联盟知识地图和联盟内知识特点,本书主要采用粒子群算法,将在知识地图上搜索知识看成是鸟群觅食,并利用 MapReduce 中 Map 函数对整个粒子群进行分组,由原始的串行搜索改进为并行搜索,减少搜索的时间,提升搜索的效率。再运用 MapReduce 中 Reduce 函数对粒子搜索的结果进行归约,缩短了搜索的时间。在粒子搜索过程中,根据小组内最优位置的平均值来进行小组内粒子的信息交互,避免算法早熟收敛于一个局部最优值,从而提高搜索效率与准确率。

3. 移动云计算联盟知识匹配

匹配,意为"配合""搭配",而知识匹配放在移动云计算联盟知识整合的具体情境之中,是作为联盟知识整合的最后环节。移动云计算联盟知识整合中的知识匹配是指按照预先设立的评判标准,对移动云计算联盟知识搜索结果进行辨识、排序和筛选,取得与联盟成员知识需求相似度较高的知识,作为移动云计算联盟知识匹配的结果,也是联盟成员知识整合的结果。

移动云计算联盟知识匹配的过程主要可以分为三个部分:第一部分是对移动云计算联盟知识搜索的接洽,得到移动云计算联盟知识搜索到的知识候选解的集合,对知识候选解进行确定和一些预处理工作;第二部分是根据联盟成员的知识缺口提取知识需求特征属性信息,通过计算距离、属性和非层次关系的相似度,得到综合语义相似度,利用综合语义相似度计算得到联盟成员知识匹配结果,成为知识整合的备选方案;第三部分对知识匹配结果进行筛序和排序,除去不满足需求、不正确、不准确的知识,确保知识匹配的可行性。

3.2　移动云计算联盟知识整合机制体系架构

机制原意是对有机体描述其结构构造,描述其具有功能以及相互关系情况。随着机制的本义引申到不同领域,意义也逐渐丰富了起来。机制在社会学中的内涵可以表述为:介绍各部分的流程,协调各个部分之间关系以更好地发挥作用的具体运行方式。

移动云计算联盟知识整合机制研究的是在移动云计算联盟内成员之间进行的与云计算相关的,以弥补联盟成员的知识缺口,联盟内成员知识整合所涉及的各个部分、功能、影响和相互关系。根据对移动云计算联盟内涵及特征、知识整合过程的研究,本书认为移动云计算联盟知识整合是联盟成员之间有目的有方向的知识共享,知识整合过程包括三个部分:知识识别、知识搜索和知识匹配。

本书以研究移动云计算联盟知识整合过程为主线,对移动云计算联盟成员之间知识整合的内在规律进行研究。在知识生态视角下,移动云计算联盟知识识别是知识生产者(移动云计算联盟的所有成员)将知识转移到知识传递者(移动云计算联盟知识地图)的过程。知识消费者(存在知识缺口的移动云计算联盟成员)从知识传递者(移动云计算联盟知识地图)中通过选取获得目标知识。因此,移动云计算联盟知识整合机制主要包括知识识别机制和知识选取机制,知识识别机制为辅,知识选取机制为主,识别机制服务于选取机制,是选取机制的前提,当联盟成员完成知识选取后,又需要将获取的知识进行识别表达,从而形成识别机制和选取机制的良性循环。移动云计算联盟知识整合机制框架如图 3 – 2 所示。

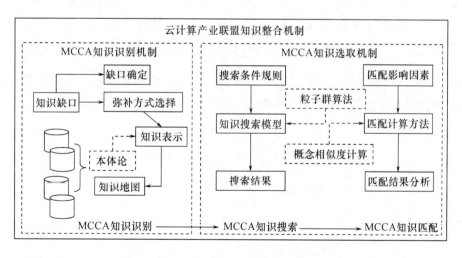

图 3 – 2　移动云计算联盟知识整合机制框架

3.3 移动云计算联盟知识识别机制

3.3.1 移动云计算联盟知识缺口分析

3.3.1.1 移动云计算联盟知识缺口确定

缺口在汉语词典中是指不完整,泛指事物短缺之处,知识缺口也可理解成知识短缺和知识差距,即企业自身成长和发展中知识需求和知识供给存在的知识短缺和知识不足。本书认为,移动云计算联盟成员的知识缺口是指联盟成员为了完成联盟预设的目标在运作过程中产生的对知识的需求,而成员自身的知识与知识需求并不匹配,或者并不是最优选择,那么这种联盟成员的知识短缺和知识差距即移动云计算联盟的知识缺口。

移动云计算联盟知识缺口形成的原因主要是移动云计算联盟运行中存在外部环境中的机会和威胁,联盟的发展要尽可能地把握机会并规避威胁,这些机会和威胁构成了联盟新的知识需求。移动云计算联盟成员可共享的各类型知识和联盟运行中创新的知识构成了移动云计算联盟的知识供给。移动云计算联盟适应外部环境产生的知识需求与其自身条件形成的知识供给并不总是匹配的。所以,在知识的需求与供给之间就会存在知识短缺和知识差距,形成移动云计算联盟的知识缺口。如图 3-3 所示,kd 集合表示联盟成员的知识需求,ks 集合表示联盟成员的知识供给。知识需求和知识供给匹配后就得到图中的相交处,即 kd 与 ks 的重合处,重合部分越大知识缺口越小,反之知识重合部分越小知识缺口越大。随着发现知识缺口并进行知识整合,重合处 ds 也会逐渐变大,与之相伴的联盟成员知识存储量也会相应增加。而在重合部分之外的知识需求没有知识供给与之相符合,即成为移动云计算联盟成员的知识缺口。

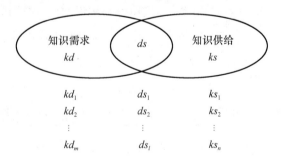

$$
\begin{array}{ccc}
kd_1 & ds_1 & ks_1 \\
kd_2 & ds_2 & ks_2 \\
\vdots & \vdots & \vdots \\
kd_m & ds_l & ks_n
\end{array}
$$

图 3-3　知识缺口分析

移动云计算联盟的特点之一就是具有动态性,这种动态性既体现在联盟成员的随时加入和退出联盟,也体现在知识的变动上。移动云计算联盟外界环境和内部成员双重因素作用下,使得联盟成员的知识缺口也不是一成不变的。但是为了更好地响应市场创新和满足用户需求,移动云计算联盟成员只有确定了自己的知识缺口,才能按照需要从知识地图获取所需知识,不仅能够弥补自身的知识缺口,实现自身知识创新,并且能够增强自身竞争力,还能更高效准确地完成联盟目标,促进云计算的高速发展。

3.3.1.2　移动云计算联盟知识缺口弥补方式

移动云计算联盟知识缺口弥补首先需要确定联盟成员的知识需求,根据联盟的知识存量和知识结构分析确定知识供给,来发现联盟的知识缺口。根据联盟知识缺口的性质进行分析并选择相适应的弥补方式。

移动云计算联盟想要弥补知识缺口,获取相对应的知识主要来源于两个方面,分别是联盟内部和联盟外部。联盟内部包括联盟成员进行合作自主进行研发和联盟知识地图直接获取;联盟外部是指市场交易,外部购买。因此,移动云计算联盟知识缺口弥补方式有三种,即:自主研发、联盟内知识地图获取和外部购买,如图3-4所示。

(1)自主研发。移动云计算联盟汇聚云计算产业链上下游重点企业,联盟成员完全具备弥补知识缺口的能力。联盟成员需要投入大量的研发成本,通过联盟内合作进行自有知识的整合和创新。在研发过程中,联盟成员之间通过不同的内部知识转移方式找到所需的知识并进行利用。但是由于联盟知识缺口弥补过程中的各项知识活动都是在联盟成员内部员工和团队之间进行的,需要进行长期合作的磨合,研发的时间也可能会很长。

(2)联盟知识地图。移动云计算联盟知识存量足够丰富,联盟成员利用本体语言将自己可共享的知识表达,建立联盟的知识地图,并不断完善。成员根据自己的知识缺口在知识地图上进行相应的获取,联盟内的知识整合使联盟成员在面对市场机遇和外部环境发生变化时,通过联盟内的知识共享快速弥补知识缺口,响应市场机遇提高竞争优势。在联盟内弥补知识缺口,可以用低成本并且快速地实现知识整合。

(3)外部购买。移动云计算联盟也可以在市场上直接购买技术产品或者通过并购方式来实现缺口知识的获取。这种方式获取的时间也相对较少,但是由于知识的异质性和联盟成员的吸收能力,吸收内化成可利用的知识可能很长,即使知识整合时间短,知识弥补的时间也将很长。

移动云计算联盟知识整合是以弥补知识缺口为前提,本书所研究的弥补知识缺口主要是利用联盟的知识地图来实现的,知识整合的供需方均为联盟的成员。

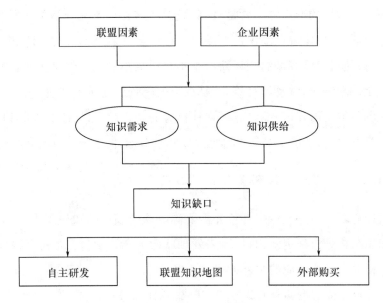

图 3 - 4 移动云计算联盟知识缺口弥补方法

3.3.2 移动云计算联盟知识表示

移动云计算联盟知识表示是指通过建立科学的知识表达模型,将联盟成员的知识以恰当的方式表达出来,有利于联盟成员进行知识存储、知识搜索、知识匹配和知识维护等。由于联盟成员众多,不同联盟成员的知识表示方式、存储结构等存在较大的差异,不利于知识在联盟成员之间的共享,降低知识整合的效率。异构知识的统一化表示,构建移动云计算联盟云数据库的首要环节,是实现知识共享和知识整合的基础。所以,知识的适当表示方法是对于移动云计算联盟进行高效知识整合的前提。

移动云计算联盟中的知识具有分散性、多样性、海量性和增量性的特点,产生式规则法、面向对象法和谓词逻辑法等这些传统的知识表达方法只能实现知识的结构化和层次化,难以适应移动云计算联盟中复杂的和模糊的异构知识的表达与融合,因此本书采用领域本体的知识表示方法,将知识化繁为简,知识间错综复杂的关系简化成元素的集合,确保知识表达的一致性,便于联盟成员对知识整合和使用。

（1）移动云计算联盟领域本体构建。移动云计算联盟领域本体的构建为了实现联盟内领域知识的一体化表达,通过对联盟内知识的相关概念以及概念和概念之间的关系描述,来反映知识内在的概念结构,移动云计算联盟可以用三元组表示:

$$CO = (CG, CGR, CS) \tag{3-1}$$

其中,CO 表示移动云计算联盟领域本体;CG 表示移动云计算联盟领域概念的集合,由移动云计算联盟领域内的对象、属性和实例等构成;CGR 表示移动云计算联盟领域概念之间关系的集合,由主体、客体和关系构成;CS 表示移动云计算联盟领域概念之间的层次结构。

(2)对移动云计算联盟成员知识进行本体表达后还要进行知识索引的建立。移动云计算联盟知识索引是对联盟领域本体相关术语进行凝练的知识描述,进而表示出联盟知识的内容和结构。移动云计算联盟索引知识用以下三元组方式表示:

$$CI = (CKA, CK, CKL) \tag{3-2}$$

其中,CI 表示移动云计算联盟索引知识;CKA 表示对移动云计算联盟知识属性的描述;CK 表示移动云计算联盟知识的描述;CKL 表示移动云计算联盟知识的存储位置链接。关于 CKA 与 CK 的描述可以抽取以下主要因素:

移动云计算联盟知识属性的描述:

CKA:{序号,名称,知识载体,类别,关键特征词,创建时间,所属联盟成员}

移动云计算联盟知识描述:

CK:{知识类型,知识描述,输入输出,模型方法}

移动云计算联盟知识索引是知识和知识源之间的无缝连接,在移动云计算联盟知识平台下,以不改变联盟成员知识体系结构为前提,完成知识的一体化表示,实现联盟成员知识的读取和存储。

3.3.3　移动云计算联盟知识地图构建

3.3.3.1　移动云计算联盟知识地图构建原则

移动云计算联盟知识地图的构建,是为了完成联盟成员知识的可视化,使联盟成员快速地获取知识增加知识存量,实现对知识的吸收和利用。移动云计算联盟知识的海量性和增量性等特点,决定了联盟成员在知识整合上的难度。所以移动云计算联盟知识地图直接链接联盟成员的云数据库,通过联盟的知识地图实现对云数据库的访问,进行知识搜索和知识匹配实现知识整合,从而弥补移动云计算联盟成员知识缺口。在移动云计算联盟中,构建知识地图的主体是联盟的管委会。

移动云计算联盟知识地图构建时应遵循以下原则:

(1)目的明确。移动云计算联盟知识地图构建时应该确定其构建的目的并明确其知识目标,围绕移动云计算联盟的知识主旨建立知识地图中的知识关联,使联盟知识地图表达清晰,有利于联盟成员对知识的获取。

(2)实用性与适用性。移动云计算联盟的实用性是指联盟知识地图能够处理实际应用中的问题,移动云计算联盟知识地图的适用性是强调地图中所涵盖的知识范围,从而确保知识地图能够发挥应有的实际作用并适合成员的需求,实现构建知识地图的预期目的。

（3）可获取性。云计算知识地图中的知识的内容、存在形式、类型、所处位置描述等方面都应该以方便用户的获取为准则,尽可能地为用户提供准确的线索。

（4）可维护性。由于数字信息资源一直处于动态演变,它们之间的关系也处于动态变化中,同时新的内容也源源不断的涌现。因此,只有及时地对这种变化做出反应,对每个变化知识地图都能进行及时的更新和维护,才能更好更准确地发挥知识地图的作用。

综上所述,移动云计算联盟知识地图的构建,需要遵循以上的原则,将联盟成员知识进行关联,以地图化的方式指向知识以及知识之间的关系,完成对知识和知识关系的可视化,实现知识地图与云数据库的链接,帮助联盟成员对知识的有效获取,增加知识存量,进行知识的吸收、内化和创新,快速应对外部大环境变化,增加核心竞争力。

3.3.3.2 移动云计算联盟知识地图构建流程

移动云计算联盟基于领域本体知识地图的构建过程细分为四个层次七个阶段:

（1）规划移动云计算联盟知识地图应用范围。根据移动云计算联盟的既定运营目标以及联盟成员知识缺口和知识需求来进行设定。由云计算联盟和联盟成员确定知识地图的应用范围,由此决定联盟知识地图的功能和知识整合效果。

（2）识别出移动云计算联盟可无偿共享知识。移动云计算联盟内成员的知识包含多种类型,有汇聚联盟成员核心竞争力的核心知识,也有非核心知识。在构建联盟知识地图的第二个阶段,联盟成员需要对自己的知识进行甄别,确定可以与联盟成员共享的知识。

（3）设定知识节点。移动云计算联盟成员将可共享的知识甄别出后,利用领域本体对可共享的知识进行表达,并存储到相应成员的云数据库中,在联盟知识地图上构建出对应的知识节点。联盟知识地图上节点的构建对知识搜索起着至关重要的作用,直接影响知识整合的效率和准确率。

（4）链接知识节点。设定好移动云计算联盟知识地图的知识节点后,还需建立知识节点与知识地图的链接,运用关键技术完成链接并确保每一个知识节点的链接都是唯一。

（5）将移动云计算联盟知识地图可视化。利用解析器和云存储技术对联盟成员的领域本体进行存储。建立移动云计算联盟知识可视化模型,从颜色、位置、大小程度等等实现联盟知识地图可视化,最终为移动云计算联盟知识整合服务。

（6）移动云计算联盟知识地图评价。经历前面五个阶段移动云计算联盟知识地图大体已经构建出来,还需对知识地图进行评价即知识地图的优化,改进构建知识地图中的不足,完善知识地图的功能。移动云计算联盟具有动态性,知识也是动态增长的,因此对联盟知识地图也要实现动态化管理。

（7）移动云计算联盟知识地图建立和验证。有了前六个阶段的准备工作,在第七个阶段就要实现移动云计算联盟知识地图的构建了,管理构建的流程要精益求精,同时对联盟知识地图的验证应与构建同步进行,移动云计算联盟知识地图构建整体过程如图3-5所示。

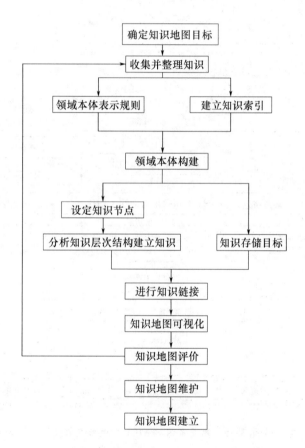

图3-5　基于领域本体的知识地图构建流程图

3.3.3.3　基于领域本体的移动云计算联盟知识地图构建

1. 移动云计算联盟知识地图的设计

移动云计算联盟成员将自己的知识利用统一领域本体语言表示,基于知识地图构建流程建立移动云计算联盟知识地图,联盟知识地图可以分为知识资源层、知识本体层、知识地图表示层及交互层,具体过程如图3-6所示。

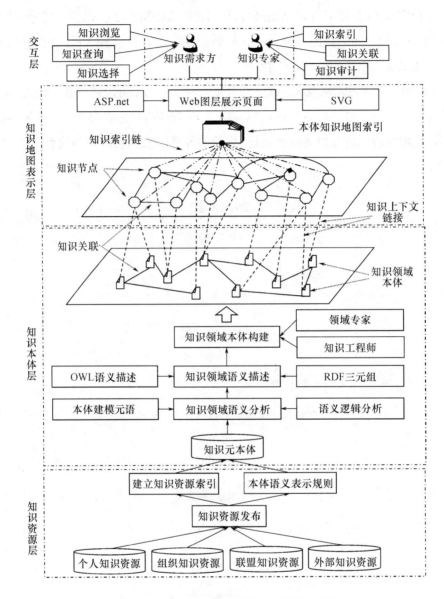

图3-6 基于本体的MCCA地图概念模型

(1)知识资源层。知识资源层位于概念模型的最底层。它是移动云计算联盟知识地图中知识的来源,也是基于本体所要表示的主要内容。移动云计算联盟所需的知识主要来源于知识网络不同层次、不同知识主体所拥有的具体知识,这里主要指蕴含大量隐性知识的个人知识资源、主要来自于成员企业的组织知识资源、集群共享性知识资源以及来自于联盟之外的外部知识资源。在对上述知识资源进行分析归类后,抽取核心知识资源建立知识资源索引目录,参照本体语义表示规则,为知识资源的本体表示做好准备,待知识本体层使用。

(2)知识本体层。知识本体层是构建知识地图的核心层。该层的主要功能包括知识元本体的表示与知识领域本体的构建两方面。首先,根据知识本体的六要素表示方式,在知识资源索引目录基础上对所列知识资源进行语义逻辑的描述,形成相应的知识元本体;其次,按照知识元本体的概念名称、属性、实例、语义关系对知识元本体进行领域知识的语义分析,运用基于本体的 Web 注释语言(Ontology-based Web Anntation Language,OWL)及资源描述框架(Resource Description Framework,RDF)形式化描述知识领域本体;知识工程师及领域专家通过知识领域本体的描述利用本体构建工具构建知识领域本体。

(3)知识地图表示层。知识地图表示层是知识资源层在可视化界面上的映射,前者表现移动云计算联盟知识资源的整体状态,后者表示单个知识资源的具体信息。移动云计算联盟知识地图表示层展现了知识领域本体的知识节点、知识上下文链接和知识关联等关系,揭示出由本体按照名称、属性、实例及语义关系映射出的知识结构,并建立知识领域本体网络地图索引。同时,为了满足移动云计算联盟知识需求者及知识专家的使用,运用 RIA 富媒体技术设计知识地图的 Web 图层展示页面,进一步与交互层进行衔接。

(4)交互层。知识地图的构建是面向移动云计算相关产品合作项目的,因此存在知识缺口的集群成员将成为知识需求方在知识地图内进行知识浏览、知识查询以及知识选择活动,同时还包括对联盟知识进行深层分析,即知识索引、知识关联及知识审计活动的领域知识专家的应用。

因此,只有知识节点、知识关联、知识上下文链接、知识元本体及知识资源的有机整合,才能构成一个完整的移动云计算联盟知识地图,使其能够准确地检索并指向知识、知识内容与知识拥有主体。

2. 从知识本体到知识地图的映射

知识本体映射是将知识元本体在语义上相关联的一种方式,目的在于通过对知识元本体概念、属性、实例及语义关系的分析,将其分组整合为不同的知识领域本体,用来描述一个更大的信息网络及知识领域,并以可视化技术在基于 Web 的知识地图中得以展现。映射在此过程中提供了一个转化的"桥梁",通过信息集成及本体语义互操作基础上,实现了不同领域知识资源的关联与共享,解决了传统知识语义异构的问题。

从知识本体到知识地图的映射过程模型,分为三个层次:知识元本体层、知识本体映射处理器以及知识地图层,如图 3-7 所示。

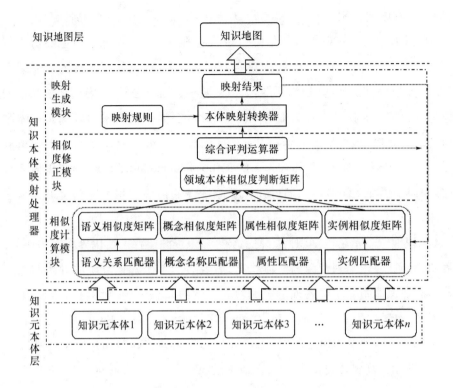

图 3－7　知识本体到知识地图的映射过程模型

（1）知识元本体层。该层包含知识本体映射的具体对象,映射的目的是将多领域、多层次的知识元本体映射为知识领域本体,并在知识地图可视化显现,从而消除联盟内原有知识的异构型与多领域特性,使知识可以共享、交流及重用。

（2）知识本体映射处理器。该层为知识元本体提供语义映射服务,在对各知识元本体的表示元素进行语义相似度的计算、修正,参照映射规则将知识元本体映射为领域本体,并最终投射到知识地图上。

其中,相似度计算模块是由语义关系匹配器、概念名称匹配器、属性匹配器及实例匹配器组成,该模块按照知识本体 KO 各表示元素的匹配程度进行相似度计算:语义关系匹配器对各知识元本体间的语义关系进行分析,并得出等价、特殊化、重叠与不相交四种语义关系,引导知识领域本体的形成;概念名称匹配器根据知识元本体中元素 U 名称的相似性进行本体映射;属性匹配器基于知识概念的属性 A^U,运用朴素贝叶斯分类算法进行本体映射;实例匹配器则根据知识的运用实例进行知识本体的映射。通过上述四种语义匹配器,分别建立相应的相似度矩阵。相似度修正模块运用综合评价方法,综合考虑语义描述的四种相似度,经综合评判运算器的计算得出相似度的综合计算结果,若不满足映射要求,则返回重新选择知识元本体。映射生成模块主要功能是在基于映射规则基础上完成知识本体的转换及知识领域本体向知识地图的映射投影。

3.3.3.4　基于知识地图的知识获取

移动云计算联盟知识地图的建立,其目的在于为移动云计算联盟各成员提供一种便捷的知识获取、重用、共享与交流的方式与辅助支持工具。移动云计算联盟知识地图作为联盟各成员与集群整体共同参与的智能互联的知识库,为移动云计算相关产品研发、生产中的产品设计、知识重用、多知识主体间的协同合作提供了一个物理载体与交流平台。

移动云计算联盟的建立的核心目标就是为抓住市场机遇,快速构建灵活的虚拟合作组织,高效率、高质量地完成各种移动云计算相关产品的研发与生产。其中,知识地图的构建能够在其知识本体库中快速、准确地获取与重用所需知识、发现相关新知识,满足移动云计算相关产品新设计对产品功能的需求,其知识获取过程如图 3 – 8 所示。

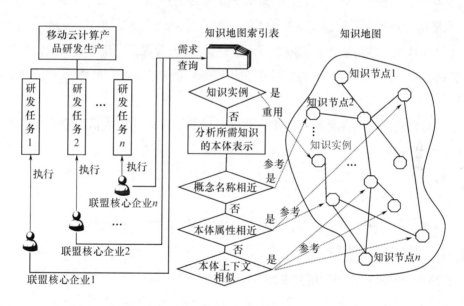

图 3 – 8　基于知识地图的 MCCA 知识获取过程

在移动云计算联盟中,承担不同研发、生产任务的移动云计算相关企业或相关组织机构,为获取相关知识在知识地图索引表中进行检索,查看是否存在与其需求相匹配的知识应用实例,如果存在则可以通过知识索引链直接查阅保存该知识实例的知识节点,并进一步调阅与该知识节点相关联的知识领域本体及知识元本体,挖掘其知识主体,并进一步进行沟通联系以获取更多的知识资源。若不存在相匹配的知识实例,则对所需知识进行本体语义分析,按照概念名称相近、属性相近、上下文相近的查询顺序,进一步在知识地图索引表中查询、参考相关的知识节点,以准确获取相应的知识。

3.4 移动云计算联盟知识搜索机制

3.4.1 移动云计算联盟知识搜索原则与条件

1.移动云计算联盟知识搜索原则

在移动云计算联盟中,联盟成员的知识分布是不均匀的,呈现出动态、不确定的特点。因此,移动云计算联盟知识搜索旨在联盟成员需求不确定、动态的环境下,为其提供对应的知识。为了搜索的准确性和全面性,移动云计算联盟知识搜索应遵循以下原则:

(1)智能化分析知识需求。移动云计算联盟知识搜索需要将联盟成员的需求描述进行自动识别与理解,分析联盟成员知识需求中的关键词,并对关键词进行语义拓展。同时根据历史数据库对联盟成员知识需求进行分析,确保知识需求分析的准确性。

(2)高效性。移动云计算联盟依赖于计算机技术、云数据库技术等实现对自动化的知识识别和知识搜索,当联盟成员确定知识需求时,一定要高效地将知识呈现给联盟成员。

(3)可用性。可用性是某一知识在移动云计算联盟向联盟成员提供服务时能够保证正常使用与调度。

(4)可靠性。可靠性是指移动云计算联盟不同知识的服务在一定的时间内必须保证能够提供可靠与稳定的性能服务。

(5)择优性。智能灵活性是指移动云计算联盟在向联盟成员提供知识时,根据联盟成员的需求智能灵活地选择最优的知识。

2.移动云计算联盟知识搜索条件

由于移动云计算联盟中,联盟成员的知识具有增量、海量和多样等特点,且移动云计算联盟成员在进行知识搜索时对知识需求具有相对模糊性,这些因素都成为移动云计算联盟知识搜索准确性的障碍。因此对移动云计算联盟而言,知识搜索的第一个条件就是知识需要有清晰的结构特征。利用基于领域本体的移动云计算联盟云数据库中的知识表达技术,提炼联盟成员的知识需求,明确联盟成员的知识搜索用意。与此同时,运用领域本体的表达方式对移动云计算联盟成员知识搜索的关键词进行语义拓展,以期实现联盟成员知识搜索需求的准确性和完善性。

对移动云计算联盟成员而言,知识搜索的另一个条件是明确联盟成员自身的知识缺口。移动云计算联盟成员通过对自己所拥有的知识进行审视,在外部发展的大环境中逐渐明确自身的知识缺口,进而去明确所缺知识和目标知识的差距,有利于联盟成员在联盟的知识地图中进行搜索。

3.4.2　基于 MapReduce 的粒子群 MCCA 知识搜索

3.4.2.1　标准粒子群算法分析

粒子群优化算法(Particle Swarm Optimization,PSO)是由 Kennedy 博士和 Eberhart 博士于 1995 年共同提出的,因其算法简单、参数较少需要调节、较强的全局优化能力和高效等特点,立即成为研究热点,得到了众多学者的重视和研究。粒子群算法的数学描述如下:

一个由 m 个粒子组成的群落在 D 维的目标空间中进行搜索,第 i 个粒子的位置用向量 $x_i = [x_{i1}, x_{i2}, \cdots, x_{iD}]$ 表示,飞行速度用 $v_i = [v_{i1}, v_{i2}, \cdots, v_{iD}]$ 表示,第 i 个粒子搜索到的最优位置为 $\text{pbest}_i = [p_{i1}, p_{i2}, \cdots, p_{iD}]$,整个群体搜索到的最优位置为 $\text{gbest}_i = [p_{gi1}, p_{gi2}, \cdots, p_{giD}]$,则每一个粒子的速度和位置更新如下:

$$v_i^{k+1} = \omega v_i^k + c_1 r_1 (\text{pbest}_i - x_i^k) + c_2 r_2 (\text{gbest}_i - x_i^k) \tag{3-3}$$

$$x_i^{k+1} = x_i^k + v_i^{k+1} \tag{3-4}$$

其中,$i = 1, 2, \cdots, m$,分别代表不同的粒子;c_1 和 c_2 均是大于等于零的数,是用来向最优位置靠近的可调整的最大步长,一般情况下,认为两者大小相等;r_1 和 r_2 是介于 $[0,1]$ 内的一个随机数,k 为迭代次数即粒子的飞行步数;ω 是惯性权重因子,代表粒子之前的速度对现在的速度的影响。

标准的 PSO 算法虽然具有鲁棒性强等众多特点,但是算法在搜索初期,粒子的分布较为分散,虽然能够在较大的解空间中进行搜索,但需要搜索的时间长。在搜索的后期,随着粒子的移动,历史最优位置和群体的最优位置逐渐相同,粒子的多样性减少,行动迟缓,并不能搜索出最优解。所以,要对标准粒子群算法提高粒子的寻优能力,保持种群的多样性。

3.4.2.2　MapReduce 函数构建

Map 函数把整个粒子群划分成若干子群,并分配到不同的节点上执行,实现并行化处理。Reduce 函数的分布可通过某种分区函数,根据中间结果的键值把中间结果划分成 R 块。其解决了传统粒子群算法中由于单向局部收敛速度过快而导致没有收敛到全局最优的问题,并且搜索时间得到有效提升,同时也更加适合处于动态变化中的联盟知识。本书首先利用 Map 函数根据节点的个数把一个完整的粒子种群划分成子群,并分配到不同的节点上执行,实现并行化处理,这里的节点即为云数据库中一个独立的数据库。粒子搜索到结果后,再利用 Reduce 函数将不同子群的粒子进行合并,具体过程如图 3-9 所示。

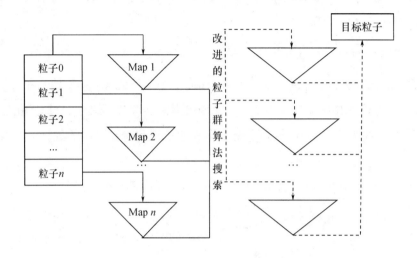

图 3-9　MapReduce 并行化处理过程

3.4.2.3　改进的移动云计算联盟粒子群算法

本书对算法的改进如下:将所有粒子群的粒子称为"分群粒子群",用 P 表示。首先将 P 划分为若干组:$p_1, p_2, \cdots, p_n$。每组微粒群分别独立进行搜索,对于第 j 组微粒,其速度、位移更新公式为

$$v_i^{k_j+1} = \omega v_i^{k_j} + c_1 r_1 \left(\text{pbest}_i^{at} - x_i^{k_j} \right) + c_2 r_2 \left(\text{gbest}_i^{k_j} - x_i^{k_j} \right) \tag{3-5}$$

$$x_i^{k_j+1} = x_i^{k_j} + v_i^{k_j+1} \tag{3-6}$$

其中,k_j 表示第 j 组微粒的迭代次数;$\text{gbest}_i^{k_j}$ 表示第 j 组微粒的全局极值;pbest_i^{at} 表示在 k 时刻小组内最优位置的平均值,这样就可以保证每组内粒子都可以得到本组粒子的最新进展,体现了小组内粒子之间的信息交互。其余参数含义同标准粒子群算法。

改进的粒子群算法中,粒子作为携带知识的一种载体,通过与数据库中不同类型的知识进行对比选择实现搜索。当算法结束时,得到最优粒子即为移动云计算联盟成员所需的知识,搜索完成,如图 3-10 所示。

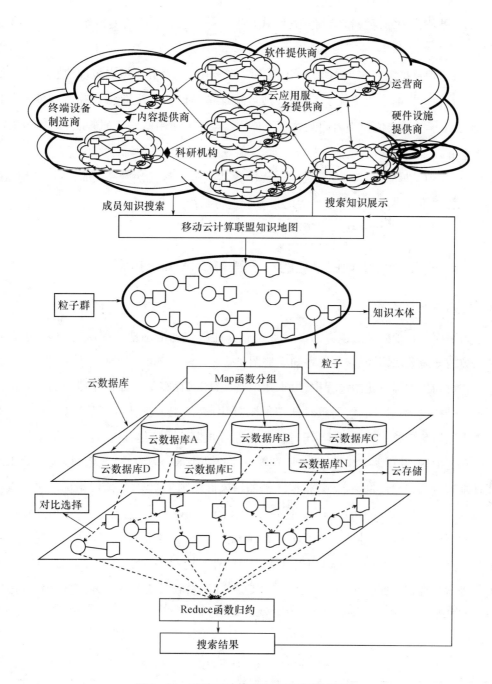

图 3 - 10 移动云计算联盟知识搜索过程图

通过上文的分析,改进的 PSO 算法知识搜索过程如下:

(1)根据联盟成员的搜索条件,从引擎数据库中确定和联盟成员输入关键字相关的本体化表达的知识大类作为初始化种群。

(2)利用 MapReduce 中的 Map 函数根据云数据库的个数对粒子群进行映射分组。

（3）更新粒子的速度和位置。按照式（3－5）和式（3－6）改变每组的粒子速度和位置。

（4）知识选择。在每个小组中，比较各组粒子适用值及其小组内最优位置的平均值 pbest_i^{at}，若粒子当前适用值优于 pbest_i^{at}，则重新计算当前粒子组的位置并重置 pbest_i^{at} 的值；比较粒子的适用值及小组内最优值 gbest_i^{kj}，若粒子适用值好于 gbest_i^{kj}，则用当前粒子位置重置 gbest_i^{kj} 的值。

（5）当粒子搜索到结果或算法的迭代次数达到最大迭代次数 $T-\max$ 时，利用 Reduce 函数对不同种群粒子最后产生的最优解进行归约。

（6）将最优解或者最优解集返回给联盟成员。

3.4.3 基于知识地图量化的粒子群 MCCA 知识搜索

1. 知识地图量化

为了应用粒子群算法使得 MCCA 成员企业能够快速准确地获得所需知识，找到合理高效的知识获取路径，首先要将知识地图量化。

在对知识地图量化的过程中，由于知识属性繁多，存在某些知识在搜索的时候比较困难，关键字模糊等，因此，要想将知识地图量化，必须引入其他领域的原则来进行，本书引入知识价值这一衡量因素，通过价值属性将知识地图量化，量化过程中知识的应用为坐标的横轴，知识源为坐标的纵轴，这样一来这两个部分就可将 MCCA 庞大的知识的属性整理分类，坐标轴的指标是根据区别知识属性原则来制定的，所以指标的选择直接影响到各个知识单元的相互作用。在建立指标的过程中，不能毫无根据，不可违背系统可行性原则、知识动态性特点等原则。在横轴的这部分，本书选取了两个关键指标，它们分别是 MCCA 知识预期价值和 MCCA 成员企业结构；在纵轴这部分，本书选择了三个方面进行探究，分别是 MCCA 研发投入、MCCA 知识领域以及 MCCA 知识共享程度方面来进行计量。模型的变量和参数汇总见表 3－1。

表 3－1　MCCA 知识地图的变量与参数表

目标层	要素层	变量层	状态层
MCCA 知识地图指标体系	知识应用维度（X 轴）	MCCA 知识预期价值 A_1	MCCA 知识产出值 A_{11} MCCA 知识共享成本 A_{12}
		MCCA 成员结构 A_2	MCCA 核心成员企业比例 A_{21}

续表 3 - 1

目标层	要素层	变量层	状态层
MCCA 知识地图指标体系	知识源维度（Y轴）	MCCA 知识领域 B_1	MCCA 各成员领域总产值 B_{11}
			MCCA 知识的信息增益 B_{12}
		MCCA 研发投入 B_2	MCCA 联盟成员数量 B_{21}
			MCCA 联盟成员投入 B_{22}
		MCCA 知识共享程度 B_3	MCCA 知识的重要程度 B_{31}
			MCCA 知识的共享频率 B_{32}

（1）知识应用维度（X 轴）的量化。应用价值理论,忽略不同属性知识之间相互难以转化的观念,赋予它们共同的价值属性,在横轴的量化过程中,采取知识共享成本、知识收益及 MCCA 核心成员企业占有比例来区别,同类知识的划分标准是根据价值相同来划分。一项知识对联盟及联盟成员的贡献越大效果越显著,说明知识应用维度值越大,对于 MCCA 核心成员衡量标准越高,知识共享及知识利用成本越高。

（2）知识源维度（Y 轴）的量化。TFIDF 是一种用于信息检索与数据挖掘的常用加权技术,其中 TF 是词频（Term Frequency）,IDF 是逆文本频率指数（Inverse Document Frequency）,它是用来描述一份文件中的或者一部语料库中的某一个字或者词在整体中的重要程度。本书借助这一计算方法对 MCCA 知识地图纵轴进行量化:

$$w_{ik} = tf_{ik}(d_i) \times idf(t_k) = \frac{tf_{ik}(d_i) \times \log\left(\frac{N}{n_k} + 0.01\right)}{\sqrt{\sum_{k=1}^{n}(f_{ik}(d_i))^2 \times \log\left(\frac{N}{n_k} + 0.01^2\right)}} \quad (3-7)$$

在上述公式中,在文本集合 d_i 中,某个特征词 t_k 的使用频率用 $tf_{ik}(d_i)$ 表示;$idf(t_k)$ 表示特征词 t_k 文本强度;N 表示文档集中的文本总数;n_k 表示特征词 t_k 的文本频数;分母为归一化因子。

信息增益（Information Gain,IG）通常用来解释知识在载体集合中占有的均匀的信息含量。因此本书借助信息增益的思想,对知识分类进行描绘,度量知识在某一载体集合中的信息熵之差。同时用信息熵来衡量变量取值的随机性程度,并将信息熵比作信息量化的"标尺"。

对于随机变量 X,它的改变越复杂,某项任务所能获取到的信息量中透过这一变量的信息量越高。令 X 为随机变量,X 的信息熵定义为

$$H(X) = -\sum_i p(x_i)\log(p(x_i)) \quad (3-8)$$

通过观察随机变量 Y 获得的关于随机变量 X 的信息熵定义为

$$H(X/Y) = -\sum_i p(y_i) \sum_i p(x_i/y_i) \log(p(x_i/y_i)) \qquad (3-9)$$

信息熵的差称为信息增益,表示获得的信息量已经消除了不确定性,定义为

$$IG(X,Y) = H(X) - H(X/Y) \qquad (3-10)$$

考虑出现前后的信息熵之差,为了寻找特征项 t 是否在类别 C 中出现,也就是计算特征项 t 对类别 C 的信息增益,定义为

$$IG(t) = H(C) - H(C/t)$$

$$= -\sum_{i=1}^{m} p(c_i) \log p(c_i) + p(t) \sum_{i=1}^{m} p\left(\frac{c_i}{t}\right) \log p\left(\frac{c_i}{t}\right) + p(t) \sum_{i=1}^{m} p\left(\frac{c_i}{t}\right) \log p\left(\frac{c_i}{t}\right)$$

$$(3-11)$$

定义一类文本 c,它在语料中出现的频率用 $p(c_i)$ 表示,用总的文本数做分母,c_i 中的文本数做分子,得到的分式的数值就是频率;定义特征项 t,$p(t)$ 为 t 在整体中所占的比例,关于 t 的分式分子为包含有 t 这类特征的文本,分母为总文本;定义一类文本,既具有 t 的特征,又具有 c_i 类的属性,这类文本概率表示为 $p\left(\frac{c_i}{t}\right)$,而对于不具有 t 特征属性的文本用 $p(\bar{t})$ 表示;$p\left(\frac{c_i}{t}\right)$ 表示满足 c_i 的条件,但不具有特征 t 的属性的概率。

2. 搜索半径确定

在 MCCA 中,完成知识地图的量化是寻找知识获取路径的第一步,接下来要根据识别到的成员企业的知识缺口,将这一缺口在知识地图上增加目标知识的坐标 (x_0, y_0)。定义 R 为半径,以 (x_0, y_0) 为圆心的搜索区域,根据目标知识的特征,在知识地图上快速搜索。R 的确定也是关键的一步,取 $\frac{1}{w}$ 为某知识载体距离目标知识的最大距离,而 w 的取值是动态变化的,影响它的因素包括知识属性、知识的重要性以及知识的相似性等。由此,搜索半径 R 可以定义为

$$R = \max\left\{ \frac{\sqrt{(y_0 - y_i)^2 + (x_0 - x_i)^2}}{w} \right\}, \text{其中 } i = 1, 2, \cdots, k \qquad (3-12)$$

3. 寻找 MCCA 知识获取关键路线图

应用粒子群算法,首先要将知识节点与粒子走过的地点相对应,在对某一项知识搜索的过程中,需要非常多的粒子迭代寻找最优路径,而这样在与云计算的分布式环境相结合的同时提高搜索速度,分布式技术可以将粒子分别分布到不同的节点中,执行计算任务的时候也是各自独立的,独立的同时各个节点之间也是有关联的,粒子的分组并不

是将粒子完全分开而是在分组后动态地节约时间，每一个粒子都有对计算任务进行选择的权利，即使这样，其他粒子依然可以继续完成其计算任务，这就是云计算与粒子群算法相结合的优势所在，也是 MCCA 知识获取的优势所在。

定义 P 表示"云粒子群"，云计算的分级存储的技术是实现将粒子群按照不同级别分组：$p_1,p_2,\cdots,p_n$，对于第 j 组的粒子，更新其速度、位移公式为

$$v_i^{k_j+1} = \omega v_i^{k_j} + c_1 \mathrm{rand}_1(\mathrm{pbest} - x_i^{k_j}) + c_2 \mathrm{rand}_2(\mathrm{gbest} - x_i^{k_j}) \tag{3-13}$$

$$x_i^{k_j+1} = x_i^{k_j} + v_i^{k_j} \tag{3-14}$$

要想寻找到知识获取的最优路径，也就是要找到某一个粒子在迭代后的最优位置和其他所有粒子的最好位置，分别用 pbest 和 gbest 表示，这一粒子用 i 表示，k_j 表示第 j 组微粒的迭代次数，取 $(0,1)$ 之间的任意的数值为 rand，学习因子分别为，局部最优粒子的方向和最大步长以及全局最优粒子的方向和最大步长，用 c_1 和 c_2 来调节，速度的系数定义为 ω，ω 为惯性权重，ω 的大小决定了粒子更容易跳出局部最优解或者更容易实现整个算法的收敛。

因此，对算法的改进一方面是为了让算法在云计算环境下得以实现，另一方面也是利用云计算优势提高算法速度，早熟收敛的问题也及时解决，难以从局部最优中跳出来的问题也得以改善，同时，对于 MCCA 在云计算环境下实现知识共享的同时也解决了其负载均衡的问题，其惯性权重自适应调整式如下：

$$\omega = \omega_0 - a\partial(\chi) + b\beta(\chi) \tag{3-15}$$

其中，ω_0 为初始值；a、b 均为常数。

改进的算法的具体描述如下：

步骤1：定位目标知识到 MCCA 云知识地图上；

步骤2：对目标知识根据云知识地图量化指标进行量化处理；

步骤3：利用公式计算搜索半径 R；

步骤4：初始化粒子的位置及其初始速度；

步骤5：计算各个粒子的适应度值，确定各个粒子的当前最优个体位置，确定当前整个种群的最优位置；

步骤6：根据式(3-5)计算各个粒子的惯性权重 ω；

步骤7：根据式(3-3)和式(3-4)分别更新粒子的速度和位置；

步骤8：记录粒子的位移；

步骤9：如果没有满足结束条件，那么算法转步骤4，否则算法结束并输出全局最优值。

3.5　移动云计算联盟知识匹配机制

3.5.1　移动云计算联盟知识匹配影响因素

移动云计算联盟知识匹配前期影响因素为：

（1）知识现状审视。移动云计算联盟知识需求确定后，需要对移动云计算联盟知识地图中现有知识存量进行观察和审视，移动云计算联盟知识地图是联盟成员知识整合的来源。

（2）知识缺口评估。通过移动云计算联盟知识缺口的评估，联盟成员可以明确知识差距和知识短缺，对要获取的知识有了预判。而且联盟成员对知识缺口的评估还可以发现联盟成员内部云数据库中是否有目标知识能够弥补知识缺口。

（3）知识整合价值的预判。移动云计算联盟知识整合前需要对要匹配的知识进行判断，确定和评价匹配知识的价值多少，深度挖掘联盟内知识的潜在价值，有利于成员对知识的吸收与理解，更促进成员知识的创新与利用。移动云计算联盟知识整合价值的预判为联盟成员成功获取知识保驾护航，也决定了知识整合的深远意义。

3.5.2　移动云计算联盟综合语义相似度计算

移动云计算联盟知识都以领域本体形式表现，而领域本体可以看成是一个概念层次数，因此本书采用概念语义相似度来计算移动云计算联盟知识的匹配程度。基于领域本体的移动云计算联盟语义相似度的计算主要包括三个部分：基于距离的语义相似度计算、基于属性的语义相似度计算和基于非层次关系的语义相似度计算。

（1）基于距离的语义相似度计算。基于距离的语义相似度计算是计算两个或者多个概念在网络层次中的语义距离，通过几何距离量化来实现。

$$\mathrm{sim}_1(c_i, c_j) = \mathrm{e}^{-\alpha l}\frac{\mathrm{e}^{\beta h} - \mathrm{e}^{-\beta h}}{\mathrm{e}^{\beta h} - \mathrm{e}^{-\beta h}} \qquad (3-16)$$

其中，$d_{\max}$表示概念树中的最大深度；L为需要计算语义相似度的概念节点之间最短路径的有向边的数量，$\alpha \geq 0$，$\beta > 0$，分别表示距离和深度对相似性的影响程度。

（2）基于属性的语义相似度计算。基于属性的语义相似度计算比较两个概念所具备的属性，进而得出两个概念的关系，这种关系用语义相似度结果表现出来。

$$\mathrm{sim}_2(c_i, c_j) = \frac{|\mathrm{attr}(c_i) \cap \mathrm{attr}(c_j)|}{|\mathrm{attr}(c_j)|} \qquad (3-17)$$

其中，$\mathrm{attr}(c_i)$表示移动云计算联盟知识概念c_i的属性集合，$\mathrm{attr}(c_j)$表示联盟成员需求

知识的属性集合，$|\mathrm{attr}(c_i) \cap \mathrm{attr}(c_j)|$ 表示 c_i 和 c_j 中属性相同的个数，$|\mathrm{attr}(c_j)|$ 表示 c_j 中所有属性的个数。

（3）基于非层次关系的语义相似度计算。移动云计算联盟中知识概念是海量的，领域本体作为对知识某一领域的客观描述，除了概念之间的层次关系以外，还有一类更加普遍的关系存在，即非层次关系。非层次关系主要是对概念之间的语义关系进行了更详细的概括和描述，对相似度的结果也会有相应的影响。如果待比较的两个概念和同一个概念有着同样的非层次关系，那么这两个概念是相似的；如果待比较的两个概念分别和另外两个概念存在一定的联系，而另外两个概念也是具有相似性的，那么这两个待比较的概念也是具有相似性的。考虑非层次的关系要比层次关系更加普遍和常见，占有更大的权重，所以在移动云计算联盟知识匹配的相似度计算中提出了非层次关系的相似度计算。

$$\mathrm{sim}_3(c_1, c_2) = \frac{\sum\limits_{i=1}^{p} \sum\limits_{j=1}^{q} \mathrm{sim}(r_{c_i}, r_{c_j})}{\max(p, q)} \tag{3-18}$$

其中，r_{c_i}, r_{c_j} 是概念 c_i, c_j 的非层次关系，c_i 对应的 p 个非层次关系，c_j 对应的 q 个非层次关系。

基于以上分析得到综合概念语义相似度计算方法：

$$\mathrm{sim}(C_i, C_j) = \omega_1 \mathrm{sim}_1(c_i, c_j) + \omega_2 \mathrm{sim}_2(c_i, c_j) + \omega_3 \mathrm{sim}_3(c_i, c_j) \tag{3-19}$$

其中，$\omega_1 + \omega_2 + \omega_3 = 1$。

3.5.3　基于领域本体的移动云计算联盟知识匹配

通过移动云计算联盟知识搜索后，联盟成员获得所需知识最优解或者最优解集，对于知识搜索的结果还需要进行知识匹配，才能完成目标知识的最优获取，本书提出基于领域本体的移动云计算联盟知识匹配步骤如下：

（1）分析移动云计算联盟成员的知识需求属性，抽取移动云计算联盟知识属性特征并进行语义建模，构建移动云计算联盟知识库和知识需求库。

（2）对移动云计算联盟成员的知识需求进行语义描述，实例化知识需求信息库，并将其保存到存储层中以备进行匹配。

（3）对移动云计算联盟搜索到的知识进行距离、属性等综合语义相似度计算，将综合语义相似度大于或者等于设置的相似度阈值的知识按照从大到小排序，返回给联盟成员，最终完成移动云计算联盟的知识匹配。移动云计算联盟知识匹配过程如图 3-11 所示。

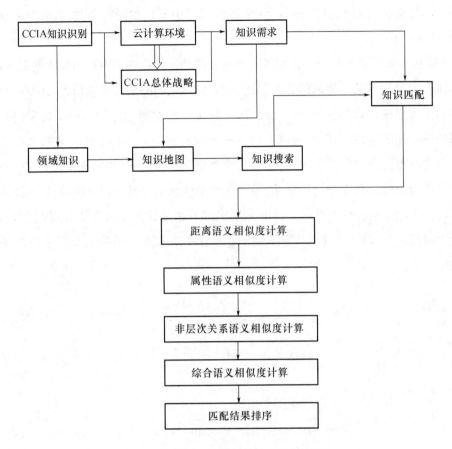

图 3－11　移动云计算联盟知识匹配过程

3.6　本章小结

本章通过对移动云计算联盟知识整合内涵分析,分析知识整合的必要性。基于知识生态视角对移动云计算联盟知识整合机理进行分析,提出了移动云计算产业联盟知识整合过程。在此基础上,设计了云计算产业联盟知识整合机制,主要包括移动云计算产业联盟知识识别机制和知识选取机制。

第4章　移动云计算联盟知识利用机制

4.1　移动云计算联盟知识推荐机制

4.1.1　移动云计算联盟的知识推荐内涵

在联盟的发展过程中,成员会不断增加,相应带来的知识也不断增长,当联盟内部的知识数量巨大时,会在一定意义上为联盟的知识查找带来很大的不便,因此,根据成员需要而进行的知识推荐就显得尤为的必要。MCCA 的知识推荐活动是一个动态的推荐过程,主要将来自联盟内部各种企业、各种类型、各种层次、各种属性的知识进行获取、存储、推送和检验,将传统意义上的知识利用的被动式查找变为主动式的信息推荐,使联盟的知识使用更具效率,同时,也提升了整个联盟的知识使用率。

与传统的知识共享不同,MCCA 的知识推荐在联盟内部的各成员间为单向流动,通过获取企业或成员价值较高的知识,将知识存储于知识库中与所需的成员进行需求信息的匹配后,将知识推送的结果给成员,最后通过评价方法来评估推荐完成后的推荐准确情况。

MCCA 的推荐本质是通过知识在成员企业间的流动和扩展将联盟内的知识利用价值最大化,使整个联盟成员受益,更好地发挥联盟企业技术创新优势和提高联盟成员的竞争力。同时,知识推荐也是一种知识管理体制,是联盟成员共同作用的结果。

知识推荐可以包含两个方面的内容,一种是从知识自身的相似性进行推荐,另一种是从联盟成员行为的相似性进行推荐。因此本书依据这两个研究实践,对基于灰色关联度与知识属性标签重叠的 MCCA 知识推荐以及基于联盟成员行为互信息特征的 MC-CA 知识推荐进行了深入研究。

4.1.2　基于灰色关联度与标签重叠的 MCCA 知识推荐

在本书中认为,MCCA 的推荐过程可分为以下几个阶段,即知识获取、知识存储、知识推送和知识推送效果评估,以上四个过程有着严格的逻辑联系,彼此影响,相互衔接。

在联盟中,首先将明确联盟成员的知识偏好和知识缺口,然后对联盟内部的知识进行获取、存储并对知识的特性进行分析,同时以社会化标签的形式加以标注。再次,通过算法实现对成员的可能需要的知识的推算分析,将结果进行筛选排序,后推送信息给成员,待其选择。最后根据知识的推送效果评估得到推送后知识的使用情况的反馈,以便对之后知识的推送进行调整,推荐过程如图4-1所示。

(1)知识获取。联盟要查找并获取联盟内部的知识,认识联盟的各种知识属性与特点,将知识进行分类并获取,有利于联盟做出更准确的知识判断,明确知识需要。

(2)知识存储。联盟的知识获取与存储可以通过知识库来实现,将知识的概况展现在成员面前,并将知识的信息内容放入知识库中,等待系统的分析与处理。

(3)知识推送。知识推送是整个知识推荐过程的核心,在分析成员偏好信息后利用推荐系统手段,将有潜在需求的知识推送给联盟成员,以供联盟成员挑选。

(4)推送效果反馈。在知识推送完成后,需要对推送知识的使用效果进行反馈,分析推送结果的采用情况,以便调整推送的需求分析,便于做出更好的推荐。

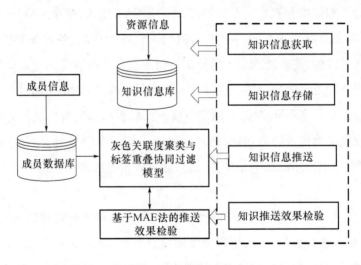

图4-1 推荐过程图

4.1.2.1 移动云计算联盟知识信息的获取

1.知识信息的获取方式

知识提供的主体分析一般都是在明确联盟知识需求之后,去分析从哪里得到这些知识。

一般来说联盟的知识提供主体主要分为联盟内部提供和联盟外部提供,在联盟内部,某类知识提供者往往也是其他类知识的需求者,通过联盟内部的知识搜索会尽快得到自己需要的知识,或者将知识提供给其他联盟成员,这样的知识获得及使用成本相比其他的获取方式要更加低廉。而当联盟内部知识不足或稀缺时,联盟可以通过与联盟外部建立的某种关系或者协议,通过联盟外部提供获取知识。

每一种类的知识都是有各自的获取途径的,知识不同其信息获取的方式也不同。本书将从基础知识、信息知识、政策知识进行讨论。

(1)基础知识信息获取。基础知识主要包括人力资源、财政资源,以及基础设施设备信息等,基础设施设备知识可以由联盟外部的供应商及联盟内部的合作伙伴来提供和获取。

(2)核心知识信息获取。移动云计算联盟产业相关的核心知识获取在联盟的知识推荐过程中起到至关重要的作用,可以通过联盟知识管理平台以及知识地图,为联盟成员提供各类知识,设立统一检索准则。分析并结合成员需求,根据需求不同,建立专题数据库,专题数据库可任意设置分栏,并对不同的联盟成员提供不同的权限。

(3)政策知识信息获取。联盟的发展离不开政府及相关行业监管机构的政策支持,这也就是联盟政策知识的主要来源,这些政策主要以相关的文件、条例和法律在联盟知识管理平台上进行颁布。

2.基于标签信息熵的知识残缺信息获取

随着联盟的发展,联盟成员的不断增多以及带来的知识的数量的不断增长,使得成员评分矩阵也相应地得到扩充成为高纬度矩阵。同时,某些成员的知识获得往往是大批量多样化的,对相应的知识评分的过程可能会造成疏忽,使评分矩阵中的数据不够完整,造成了联盟数据稀疏,针对这一问题本书采用一种基于标签信息熵的方法,利用知识中所带标签的信息量不同的原理,对数据评分矩阵中的缺失值进行填充。

(1)标签。标签是一种通过成员对知识的主观方式进行标注的符号性标注,有着很强的随意性、灵活性,对知识的标签化是联盟成员共同参与的联盟活动,其中,标签的添加者既可以是知识的提供者也可以是知识的使用者。

标签化使用由成员、知识、标签三部分组成。成员可以用多个标签来标记一个知识,一个标签也可以标记多个知识,所以,标签可以从多个角度对知识进行描述,使得知识的表述更具灵活性。

标签是体现知识特性的很好的方式,添加过标签可以直接关联到对应的知识上,增加知识被搜索到的机会,成员可以轻松地查找到自己使用相同标签的知识,也可以找到同样对该知识进行相同标记的使用者。同时,标签可揭示知识的本质属性,成员在使用联盟知识的过程中,通过标注标签的方法,从联盟使用者的角度对知识的本质属性进行描述,更能够发掘成员兴趣,提高知识使用质量。

(2)信息量。在香农提出信息论之前信息量一直被认为是无法衡量的事物。信息

论中认为信息的输出是随机的,信源中不同的信号都携带一定的信息,根据信号的出现概率表示一个特定信号的信息量,如下表示:

$$I(x) = -\ln P(x) \tag{4-1}$$

其中,$I(x)$指某一信号所带的信息量。

(3)信息熵。实际上信息和熵是两种对立的概念,因为熵是体系的混乱度或无序度的数量,但是获得信息却使不确定性减少,为此香农把熵的概念引入到信息论中,称为信息熵。信息熵定义为各信号的信息量的数学期望,表示整个系统的平均信息量。信息熵从统计角度描述了信源的特征,代表着总体的不确定性程度:

$$H(X) = -\sum_{i=1}^{n} P(X_i)\ln P(X_i) \tag{4-2}$$

MCCA 中知识包含着大量的标签,这些标签中包含着很多的联盟知识的信息,但是标签与标签之间的所含有的信息量并不是相等,对知识的区别程度也有大有小,通过标签信息熵来计算知识不同标签中所含信息量的大小,并利用改进的 Jaccard 算法来进行知识相似性的计算,完成知识矩阵的数据的填充。

传统的 Jaccard 系数相似度算法默认为标签所表现出来的概率相同,同时忽略了影响力对知识之间的作用。实际上不同的标签因为标签出现的概率不同,具有不同的影响力。为改进 Jaccard 系数相似度,本书以属性的信息熵作为属性的加权,构造加权 Jaccard 系数相似度。

步骤 1:定义矩阵。首先定义成员 - 资源评分矩阵 $R_{m \times n}$:m 行代表 m 个成员;n 列代表 n 个资源,r_{ij} 代表成员 i 对资源 j 的评分值。然后定义知识 - 标签的评分矩 $T_{n \times k}$:n 代表第 n 个资源;k 代表第 k 个资源标签,$a_{ij} \in \{0,1\}$ 代表资源是否具备该标签,如果具备则标签为 1,否则为 0。所定义的知识标签矩阵见表 4 - 1。

表 4 - 1　知识标签矩阵

知识	标签				
	标签 1	标签 2	标签 3	...	标签 k
知识 1	0	1	1	...	0
知识 2	1	0	1	...	1
...	...	...	...	...	...
知识 m	1	1	0	...	1

步骤 2:基于标签信息熵的相似性计算。对于知识标签矩阵中的一个标签 a_m,将其值域范围生成 $V_{(am)} = \{V_{m1}, V_{m2}, \cdots, V_{mk}\}$。$V_{mk}$ 表示标签的第 k 标签值。随后定义标签

V_{mk} 出现的概率如下:

$$P(v_{mk}) = \frac{|\text{sum}(v_{mk})|}{\text{totalsum}} \qquad (4-3)$$

其中,$\text{sum}(v_{mk})$ 代表系统中有标签 a_m 的值为 v_{mk} 的资源总数量;totalsum 代表所有资源的总数量,进而定义标签 v_{mk} 的信息量为

$$I(v_{mk}) = -\ln P(v_{mk}) \qquad (4-4)$$

随后得到标签 a_m 的信息熵:

$$H(a_m) = -\sum_{k=1}^{\max k} p(v_{mk}) \ln(pv_{mk}) \qquad (4-5)$$

信息熵大可以体现出更多的区分度,从而使加权系数增大。构造资源标签的加权 Jaccard 系数相似度如下:

$$k\text{sim}(i,j) = \frac{\sum_{m=1}^{\max m} H(a_m) \times S(i,j,a_m)}{\sum_{m=1}^{\max m} H(a_m)} \qquad (4-6)$$

其中,$k\text{sim}(i,j) \in [0,1]$;$\max m$ 是推荐知识拥有的标签数目。$S(i,j,a_m)$ 定义如下:

$$S(i,j,a_m) = \begin{cases} 0, \text{attr}(i,a_m) \neq \text{attr}(j,a_m) \\ 1, \text{attr}(i,a_m) = \text{attr}(j,a_m) \end{cases} \qquad (4-7)$$

其中,$\text{attr}(i,a_m)$ 表示 i 关于标签 a_m 的值;$S(i,j,a_m)$ 是关于 i,j 的标签 a_m 的值,如果相同则为 1,不同为 0。

步骤 3:伪矩阵的预测信息填充。对于当前资源 i,确定 $k\text{sim}(i,j) > \eta$,η 为相似度阈值,设所有评分值不为零的资源邻居集合为 $k\text{simneighb}(u,i)$,从而采取以下预测评分方式:

$$p_{ui} = \frac{\sum_{j \in k\text{simneighb}(u,i)} k\text{sim}(i,j) r_{uj}}{\sum_{j \in k\text{simneighb}(u,i)} k\text{sim}(i,j)} \qquad (4-8)$$

通过以上方法来进行资源评分,为矩阵中所缺少的评分值进行预测,从而完善评分矩阵,建立伪评分矩阵。

步骤 4:稀疏资源信息的填充。传统评分矩阵中,由于数据评分稀疏会有未能评分的数据空缺,通常会在缺省值的位置将值设为空,也有学者利用中位数或众数的方法进行填充,但是这样会影响推荐质量,造成数据预测结果的偏差,而通过以上的资源评分预测后的矩阵数据填充会使数据的来源更具说服性,即:

$$m_{ui} = \begin{cases} r_{ui}, \text{已评过分的资源} \\ p_{ui}, \text{未评过分的资源} \end{cases} \qquad (4-9)$$

之后建立数据填充矩阵 M_{mn},将预测值填入其中。

4.1.2.2 移动云计算联盟知识的存储

1. 移动云计算联盟知识存储方法选择

移动云计算联盟的知识存储由联盟知识库及其管理信息系统组成,知识库中主要存储知识的基本信息、知识标签以及成员对知识的评价及评分信息,知识库可以对这些知识进行增、删、改、查、打印、恢复等功能,并对知识推荐系统提供系统所需要的知识,进而进行处理,使得联盟可以对知识进行有效的管理,知识管理信息系统是知识库与外界进行互换信息的接口,管理人员可以利用知识管理系统对知识进行管理操作,知识库中由于存放大量的知识,这些信息主要以知识的标签或者逻辑数据来表示,所以在本书中知识主要以数据的形式进行存储。

知识库应该遵循以下几种原则进行组建:首先,联盟知识库应该有很大的独立性,作为联盟信息的单独储存库,在结构上要比其他系统要更加独立;其次,应该采取结构化的存储方式,保证知识的存储都是按照统一的结构进行,这样方便系统运行;再次,系统需要有很强的鲁棒性,能够抵御错误信息的干扰并且有一定的纠错能力。

2. 移动云计算联盟知识库及其管理系统设计

移动云计算联盟对知识的管理要求相对较为专一,为了对联盟中的知识进行管理,以便于提高整个联盟的知识使用效率,本书将联盟知识库的设计遵循以下几种原则:

(1)知识库要包括知识的使用、知识来源等关于知识各方面的信息。例如知识的提供者,市场价格,知识的可用范围等等,以方便联盟成员查询。

(2)知识库中的知识可以被联盟的管理者进行数据挖掘,信息筛选的专业的信息处理,并且能够转换成向相应的联盟知识。

(3)知识库可以对知识进行自动分类,在面对一些结构化表达不准确的知识时,知识数据库可以根据知识的不同使用背景、提供者及潜在使用者为依据将知识进行分类处理。

(4)知识库也可以存储一些加工过的知识,或者知识组合的信息,如一些数据挖掘产生的知识数据,以及哪些知识存在的可以组合使用,以及组合后可以产生的效果。

知识库管理系统主要是针对联盟中成员提供内部知识,以及从系统中的已经存储或待存储知识进行存储、维护、使用等功能的系统,该系统应该具备以下功能,其功能图如图 4-2 所示。

(1)知识的存取:系统应该具备对知识的增、删、改、查、打、备、恢等功能,具备对知识库中知识的所有基础操作功能。

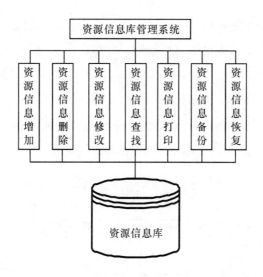

图 4 - 2　知识库功能图

（2）知识的校正与检验：针对知识库可能存在以某些原因造成的信息缺失问题，管理系统应该具备很强的知识校正和检验功能。

（3）知识的搜索：面对数量极多的知识时，管理系统应该具备搜索功能，以便能迅速地查找出需要的知识，搜索时应该同时考虑知识的深度和广度。

3. 移动云计算联盟知识库的管理

在本书中针对移动云计算联盟的知识库管理中的知识上传、知识变更、知识数据查阅、权限的管理数据做出了相应的管理方法，以确保知识的有效性和适应性。

联盟的各成员对知识进行梳理，建立和维护知识库的基本框架，监督联盟成员对联盟知识库进行及时更新和维护，制定知识库的考核细则，负责指导、培训、监督、考核知识库的维护和运行。

联盟指定专门人员承担联盟中知识库的管理，明确管理者的职责与内容，定时对知识库的数据进行梳理，对知识形成的知识清单进行分析、汇总，同时也对联盟成员根据不同的需求进行权限限制，联盟成员在自己的职责内进行知识上传，上传的知识需注明基本信息，成员新增、停用或者停用的知识需要向联盟管理平台提出经确认后方可实施。联盟的知识查阅需经过联盟权限认可方可查询，特殊需要查询知识的成员需经过联盟管理平台同意，联盟设置查询权限，查询完成时联盟及时关闭权限。

4.1.2.3　基于灰色关联度聚类与标签重叠的知识推送

1. 移动云计算联盟知识信息推送过程

个性化推送技术目前已经被广泛地运用在了很多领域中，其中以电子商务领域的发展最为引人瞩目,国外学者将个性化推送技术描述为"它是利用电子商务网站向客户提供资源建议和信息,帮助成员决定应该购买什么产品,模拟销售人员帮助客户完成购买的过程",在 MCCA 的知识推送中可以理解为联盟根据不同成员的信息和偏好,将分析结果推送给成员,帮助成员快速获取知识的过程。

基于灰色关联度聚类与标签重叠的知识推送过程主要包括三个部分:成员偏好输入过程、推送算法计算、推送内容输出过程,推送过程如图4-3所示。

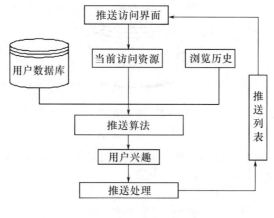

图4-3 推送过程图

联盟推送平台将成员的偏好建模信息结果与成员偏好的信息结果进行匹配,然后利用推送算法进行筛选得到成员可能感兴趣的知识,最后推送给成员。

(1)成员偏好输入过程。为了能够反映成员各方面的不同的兴趣爱好,推送平台应该为每个成员建立一个成员的模型,该模型通过获取、存储和修改成员的兴趣偏好,能及时地对成员进行分类,更好地去提取和理解成员的特征及需求,实现成员所需的功能,联盟平台根据成员的偏好进行推送,所以成员偏好输入起着非常重要的作用。模型的输入数据(即成员信息)通常有以下几种:

①成员属性。主要是成员的名称、行业、地址、注册类型、经营的范围、生产规模、专利等等。这类信息通常为成员的基本信息,联盟成员需要按照联盟规定主动填写,并且确保信息的完整与正确,具有极高的可信价值。

②成员显式输入信息。这些是成员在使用系统中主动提供的部分,如成员提供给的关键字,成员所感兴趣的主题内容,成员的反馈信息,及成员的标注信息等等。这类信息往往也具有很高的真实性,但是成员往往缺少向系统表达自己喜好的主动性,使得平台的实时性和灵活性较差。

③成员隐式输入信息。这里主要包括标记书签,Web 日志,成员的页面浏览次数、停留时间、是否有收藏行为、浏览页面时的速度快慢,知识使用历史等内容,这类信息获

取的方法可以减少成员不必要的负担,对成员的正常使用过程不存在干扰,但是也存在着不能对成员偏好及时反应的缺点。

(2)推送算法过程。目前主要的推送技术有基于协同过滤的推送算法,基于内容过滤的推送算法,基于混合过滤的推送算法,基于知识的推送过滤方法及基于关联规则的推送方法等。

(3)推荐内容输出过程。主要为系统产生推荐给联盟成员的内容过程,主要形式有推荐建议,如单个建议,多项建议和建议列表。评分,如其他成员对该知识的评分。评价,其他成员对该知识的文本评价。

2. 移动云计算联盟知识信息推送特点

在 MCCA 的知识推送中,尽管与传统的推送系统有着很多相似的特点,但也有着很多独特的性质,吸取传统推送技术的特性同时也考虑到了联盟的移动平台特性。具备以下几个特点:

(1)移动性。移动特性可以分为成员的移动性、终端移动特性以及无线技术普及性。由于移动办公设备的普及,联盟中的部分成员实现移动办公与传统办公方式相比占着很大的比例,成员在访问联盟平台时的位置很可能并不是固定的,所以联盟进行知识推送的过程应该充分考虑到联盟成员的移动性。使用移动终端是成员访问联盟平台的方式之一,联盟成员可以用移动终端随时随地的进行移动办公,处理相应的工作事物或者连接到其他设备进行知识的访问和分享。无线设备的普及是指现有的 Wifi、蓝牙、4G 等技术在现实生活中的广泛应用,这些技术的出现一定程度上导致了移动技术的变革,同时也标志着移动网络时代的到来,无论是为网络提供便利还是为创造新的场景应用都起着重要的作用。

(2)位置性。由于移动的推送方式相对传统的推送对应用场景的要求比较灵活,所以在针对推送时的位置要求也是比较高的。例如如果知识的位置刚好符合成员的位置要求,那么联盟成员是很容易接受知识推送的结果的。

(3)高效性。无论移动推送还是传统推送,都采取着同一种信息处理方式即大规模矩阵信息计算处理,在此基础上进行信息的挖掘与加工,虽然移动方式的数据处理带来的数据的呈几何态势的增长,但是 MCCA 中的云计算技术可以顺利解决这种问题,同时,也可以采用分布式的处理方法进行成员与成员之间的数据交换,利用聚类算法减小数据维度,完成推送任务。

(4)多样性。多样性主要包括推送的个体多样性,总体多样性,时序多样性。个体多样性体现出系统寻找冷门知识的能力,总体多样性强调面对不同的成员推送的内容也应该有所不同,尽量区分成员和成员之间的不同。而许多成员偏好都是建立在静态数据基础上的,然而,新知识、新的成员动态、新的成员情景以及新的偏好变化都是影响推送质量的可能因素,所以时序的多样性变化也是联盟所必须考虑的内容。

3. 移动云计算联盟知识推送策略的比较

以上的推送策略是各类推送策略的描述,然而在联盟中只有对各类知识的特点进行比较时才能分析出哪一类推送策略更适合完成在联盟中知识推送的任务,因此面对知识推送策略的对比分析显得尤为重要,见表4-2。

表4-2 推荐策略对比表

推荐策略	优点	缺点
基于协同过滤推送策略	对专业性要求不强,个性化程度高,处理非结构化对象	存在冷启动、稀疏性扩张性问题,对数据集依赖程度高
基于内容过滤推送策略	推荐结果容易理解,可解释性强,专业知识要求较低	存在稀疏性、冷启动等问题,需要以数据分类为前提
基于混合过滤推荐策略	可以对几种算法综合,能够处理更加多样化的数据	算法复杂程度高,柔性化程度较低
基于关联规则推送策略	能够发现新的兴趣,可以提升推荐结果的新颖性	关联规则提取较为复杂,个性化程度不好
基于知识的推送策略	用户能够利用非产品属性,通过需求很大程度上关联产品	知识获取较难,推荐结果的动态性差
基于效用的推送策略	可以解决稀疏性和冷启动,快速捕捉用户偏好变化	存在属性重叠问题,推荐的动态性差

基于内容过滤的推送策略有简单高效的优点,不存在稀疏性,对成员的评价反馈的依赖性也不强,可从传统的机器学习方法中得到较大的支持和改进。然而,内容过滤存在着特征性有限能力的制约,在面对非文本的知识时往往无法有效地提取其中的信息,同时,对于推送的内容性更新能力也不强,容易出现新成员冷启动问题。

基于混合过滤推送策略的内容推送更新度很强,理论上可以做到取长补短,发挥各种算法的独特优势,然而在实际的运用中同样存在着一些问题,如算法组合如何选取,算法运用的先后如何排序,同时也有很多学者在实验中发现在某些时候混合算法的结果不一定效果更好,在混合算法的推荐性能上同样需要更多的实验检测。

基于协同过滤的推荐策略最主要也是最核心的问题是数据稀疏性和冷启动的问题,每当新的成员进入到系统中时因为没有对知识的评分历史而无法做到推送,或者新的知识没有评分而造成无法被系统收集而无法出现在知识的推送集中的问题就是冷启动,同时对于数据的推送分析过于依赖数据集也存在着一定的隐患。但是协同过滤策略可以对非结构化的知识进行处理,对成员的新的兴趣点也能够及时发现,不需要特别专业的领域知识,同时也可以做到以知识成员为核心,这些优点决定了协同过滤算法在推送系统领域的主流地位,本书也将选取协同过滤策略作为联盟推送的核心策略,来完成联盟内的知识推送任务。

4. 移动云计算联盟知识推送模型构建

在基于灰色关联度的聚类算法中,通过利用不同成员评分的灰色关联度的序列进行数据的技术分析,根据统计序列的几何形状来分析成员之间的关联度情况,然后依据几何图形得出相应的结果,通常以灰色关联度的几何形状观察关联度情况,曲线比较接近关联度通常比较大,检测出若干个成员是否大致属于一类,而不会因为某一个评分的缺失造成结果信息的损失。使用灰色关联度聚类的具体方法如下:

(1)将每一个成员的评分矩阵看作是一个序列,则设待估矩阵为

$$X_i(k) = \{X_i(1), X_i(2), X_i(3), \cdots, X_i(n)\}, \quad i = 1, 2, 3, 4, \cdots, n \quad (4-10)$$

为计算各序列的关联度,首先应将各成员序列的数值进行标准化,即该序列的所有数值分别除该成员序列的平均值,而后得到成员数据标准值,具体公式如下:

$$\bar{X} = \frac{\sum_{k=1}^{N} X_i(k)}{N}, \quad X'_i(l) = \frac{X_i(l)}{\bar{X}} \quad (4-11)$$

成员标准值的序列为

$$X'_i(k) = (X'_i(1), X'_i(2), X'_i(3), \cdots, X'_i(n)) \quad (4-12)$$

(2)计算成员标准值之间在特定知识上的绝对差,进而通过标准值便可计算成员序列之间的关联系数,X'_i 与 X'_j 在第 i 个知识的绝对差为

$$\Delta_{ij}(l) = |X'_i(l) - X'_j(l)|, \quad l = 1, 2, 3, 4, \cdots, n \quad (4-13)$$

(3)在得到的知识绝对差之后,为实现以量化形式表现成员的关联程度,生成成员之间关联系数为

$$\eta_{ij}(l) = \frac{\min[\min|X'_i(l) - X'_j(l)|] + \rho\max[\max|X'_i(l) - X'_j(l)|]}{|X'_i(l) - X'_j(l)| + \rho\max[\max|X'_i(l) - X'_j(l)|]}$$

$$(4-14)$$

其中,ρ 为分辨率,一般取 $\rho = 0.5$,式(4-15)中 $\eta_{ij}(l)$ 的均值作为关联度,为

$$R_{ij} = \frac{1}{n}\sum_{l=1}^{n} \eta_{ij}(l) \quad (4-15)$$

（4）利用上式中生成的关联度组成 $n \times n$ 的关联度矩阵为

$$
\boldsymbol{M} = \begin{bmatrix}
R_{11} & R_{12} & \cdots & R_{1n} \\
R_{21} & R_{22} & \cdots & R_{2n} \\
\vdots & \vdots & & \vdots \\
R_{n1} & R_{n2} & \cdots & R_{nn}
\end{bmatrix} \tag{4-16}
$$

在此矩阵上进行聚类，其中 $R_{ii} = 1$，$R_{ij} = R_{ji}$，R_{ij} 表示知识 X_i 与 X_j 之间的关联度，设类别用 G_i 表示，E_{ij} 表示 G_i 与 G_j 之间的关联度。

（5）形成关联度矩阵之后，进行对关联度聚类，具体步骤如下：

步骤1：开始设每个知识各自为一类，即 $R_{ij} = E_{ij}$。

步骤2：找出矩阵 $\boldsymbol{M}$ 中除对角线外最大的元素，设为 E_{pq}，将 G_p 与 G_q 合并为一个新类，可将新类命名为 G_r。

步骤3：生成新类后，通过以下方式得到新类与原有类的关联度：分别对比 G_p 与 G_q 与原有类之间的关联度，取其中最大值作为新类 G_r 与原有类之间的关联度，然后消去 G_p 和 G_q 所对应的行和列，加入新类 G_r 与原有类的关联度作为新行和新列，由此得到新矩阵。

步骤4：反复执行以上三步，直到所有类合并完成。

步骤5：由以上结果生成聚类图，形成聚类顺序表。

步骤6：给定入选聚类的阈值，决定类的个数，要求类与类之间的关联大于阈值。

在聚类基础上，设目标成员所在的类为 S_k，之后对类 S_k 中的成员矩阵进行协同过滤。本书通过一种标签重叠因子计算知识相关性方法，即通过基于标签的知识相似度计算来改善预测结果。由于出现在知识中的标签数量可能会非常多，但是这些标签有的部分可能会很少被用到，所以本书中的标签为被筛选使用频繁的标签代替原始标签，当两个知识的共同标签越多时，知识与知识之间的相似性就越大。

$$
R\mathrm{sim}(c,d) = \begin{cases}
\dfrac{|T_c \cap T_d|}{\max(|T_c|, |T_d|)} , & |T_c \cap T_d| \leq \delta \\
1, & |T_c \cap T_d| > \delta
\end{cases} \tag{4-17}
$$

T_c 表示已知的知识标签数量，T_d 表示待预测评分的知识标签，$R\mathrm{sim}(c,d)$ 表示已知知识 c 与待预测知识 d 之间的重叠因子，δ 为共有相同的标签的一个阈值，当两个知识的共同标签数溢出这个阈值时，系统就将默认为它们相似度为1。

在得到知识的重叠因子后，在传统的协同过滤算法中往往将成员与知识的算法以一定比例的形式进行线性组合起来，但是这种线性组合比例的两部分比重很难确定，而且极具主观性，本书将成员与知识的关系以非线性形式进行组合，这样的结果更具备客观性,也减少了相关性较弱的知识的干扰,得出成员与成员基于知识的相似性 $\text{sim}_d(i, j)$,其公式为

$$\text{sim}_d(i,j) = \frac{\sum_{c \in I_{i,j}} R\text{sim}(c,d) \cdot (R_{i,c} - R_i)(R_{j,c} - R_j)}{\sqrt{\sum_{c \in I_{i,j}} R\text{sim}(c,d) \cdot (R_{i,c} - R_i)^2} \sqrt{\sum_{c \in I_{i,j}} R\text{sim}(c,d) \cdot (R_{j,c} - R_j)^2}}$$

$$(4-18)$$

其中,d 是待评分知识;$\text{sim}_d(i,j)$ 是指成员 i 与成员 j 基于知识 d 的相似性;$R_{i,c}$ 为成员 i 对知识 c 的评分;R_i 是指成员 i 的平均评分;$R_{j,c}$ 为成员 j 对知识 c 的评分;R_j 是指成员 j 的平均评分;$R\text{sim}(c,d)$ 是指知识 c 与知识 d 之间的重叠因子,这样加强了成员相关性的计算,由此可以得到更为精确的相似性结果。

根据式(4-18)中得到的基于知识相关性的成员相似性结果,成员可以利用公式(4-19)预测知识 d 的最终评分

$$P_{u,d} = \bar{r}_{u_t} + \frac{\sum_{u \in \text{neighbor}U_t} \text{sim}_d(u_t, u) \times (r_{u,d} - r_u)}{\sum_{u \in \text{neighbor}U_t} \text{sim}_d(u_t, u)}$$

$$(4-19)$$

其中,$P_{u,d}$ 为对知识 d 最终预测的评分;$\bar{r}_{u_t}$ 为 u_t 的所有成员评分的平均值;$\text{neighbor}U_t$ 是 U_t 的邻居成员。

针对以上的设计,具体算法描述如下:

输入:目标推送成员 U_t,推送知识数 k,邻居数量 n,待预测集 I_d,共有数目阈值 δ。

输出:向目标推荐成员输出 k 个知识。

具体步骤如下:

步骤1:对每一个成员 u 寻找与成员 U_t 共同评分项并将其收录于 u 中。

步骤2:从待预测集中选出一个知识 d,根据标签重叠公式,计算知识之间重叠因子 $R\text{sim}(c,d)$。

步骤3:进行目标推送成员与邻居成员的相似度计算,取相似度大的前 N 个作为邻居成员。

步骤4:根据评分公式预测目标成员 U_t 对知识 d 的评分 $P_{u_t,d}$,直到 I_d 集的待选项为空。

步骤5:从大到小排序 $P_{u_t,d}$,并将前 k 个知识作为推送集,推送给目标成员。

4.1.2.4　移动云计算联盟知识推送效果验证

1. 推送效果验证的必要性分析

由于 MCCA 是由不同领域的各个企业和机构组成,而且他们之间相互活动联系,形

成了一个巨大的知识活动网络,而知识推送又是这些活动的重要组成部分,知识推送的效果检验是检验知识被推送过程中准确性和效率的重要步骤,是对知识的获取、存储、推送等能力的一个重要检验,也是联盟的内部多方协作的一个重要结果。MCCA 作为新型的组织机构丰富了联盟的内涵,而 MCCA 推荐系统也对推荐系统领域的理论研究做出了一定的贡献。目前我国推送效果检验的研究相对于推荐算法研究较少,而且研究的方向较广,大部分的研究都比较分散,因此开展 MCCA 知识推送效果检验的研究很有必要。

就目前现状来看,知识推送效果验证主要存在以下几个方面的困难:

(1)知识信息矩阵的稀疏在一定程度上影响了验证算法的适用范围,知识矩阵的稀疏也同样会影响推荐算法的精确性。

(2)由于推荐结果是算法计算产生的,结果都是较为客观,代表不了成员是否真正喜欢推荐的结果。

(3)目前依然无法准确找到检验指标与联盟成员客观行为活动,如访问记录、点击率、页面停留时间等之间的联系。

综上,本书对不同检验指标的缺点和使用环境进行分析阐述,以便更好地对知识推送效果检验进行了解,并对上文中算法利用 MAE 方法进行验证。

2. 推送效果验证指标分析

目前研究针对推送效果检验的指标很多,不同的指标针对不同的算法进行检验。不同的算法为了达到良好的推荐效果,需要从算法的多样性、覆盖性、准确性进行检验。

(1)多样性指标。系统有时会将某些知识推荐给该成员,但是该知识可能已经被联盟成员从其他渠道获得了,但是为了使这样的推荐更具有价值,系统的推荐应该更加多样化,其中多样化分为两种:一种是面对相同成员提供不同知识的能力,另一种是针对不同成员提供不同知识的能力。当系统对成员提供不同的知识时,可以设知识集合为 O_R^M,同时将成员知识多样定义为

$$I_u(L) = \frac{1}{L(L-1)} \sum_{\alpha \neq \beta} S(\alpha, \beta) \tag{4-20}$$

其中,$S(\alpha, \beta)$ 代表 α 与 β 的相似度,对于成员来说知识 α 的多样性贡献度为

$$I_u(\alpha, L) = \frac{1}{L} \sum_{\alpha \neq \beta} S(\alpha, \beta) \tag{4-21}$$

其 I_u 结果越小时代表系统推荐的多样性越大。

而对于衡量不同一个成员的知识推荐的多样性时,通常可以采取式(4-22)海明距离的方式加以表示:

$$H_{ut}(L) = 1 - \frac{Q_{ut}(L)}{L} \qquad (4-22)$$

$Q_{ut}(L)$ 表示的两个列表中相同知识的个数，$H_{ut}(L) = 1$ 时则代表推荐列表没有任何重叠，$H_{ut}(L) = 0$ 时则表示两个列表完全一致。

（2）覆盖性指标。覆盖性指标是指推荐的知识所占据全部知识的比例，当一个推荐知识的覆盖率很高时，说明所选取的知识范围较广，它的系统满意度会很高；当一个知识的覆盖率较低时，证明推荐系统的局限性较大，提供给成员的选择面较窄。覆盖率分为预测覆盖率和推荐覆盖率。

预测覆盖率 C 的具体表示方式为预测的知识数目 M 与所有知识 N 的比例，即

$$C = \frac{M}{N} \qquad (4-23)$$

推荐覆盖率表示推荐的知识与所有知识的比例，直接的表示体现为推荐列表的长度与知识总量的比例，即

$$C = \frac{N_d(L)}{N} \qquad (4-24)$$

其中，$N_d(L)$ 代表知识列表中不同的知识的数量。当覆盖率很高时，系统的多样性也会同时提高，但是当系统总是给成员提供相同知识时，证明知识的覆盖率往往很低。

（3）准确性指标。准确性指标是推荐算法基本指标，能很大程度上度量推荐的准确性，以此来判断被推荐者的喜欢程度，在本书中主要采取预测评分的方式对文中的算法进行准确的检验，预测评分的检验主要就是对预测评分与实际评分的准确度进行预测，通常需要选定数据集的情况下进行。针对这类指标目前最经典的就是标准偏差、平均绝对误差和平均值的标准偏差等方法。

3. 基于 MAE 法的推送检验效果分析

由于本书中的推荐算法主要是针对知识推荐准确性进行的，所以在下文中主要将采取针对平均绝对误差方法进行效果检验分析。

平均绝对误差定义为：所有单个观测值与平均算数值的偏差的平均值，由于采取了对离差的绝对值化，因此结果中出现正负的情况被抵消，所以预测值与实际值之间的真实误差可以被更加实际的完整体现。

平均绝对误差（Mean Absolute Error，MAE）评价方法，在评价中通过计算式（4-25）知识的实际评分和预测评分的偏差大小来度量算法的准确性，通常算法性能越好，MAE 的数值越小。

$$\mathrm{MAE} = \frac{1}{n}\sum_{i=1}^{n} |f_i - y_i| = \frac{1}{n}\sum_{i=1}^{n} |e_i| \qquad (4-25)$$

其中,f_i 为预测值,y_i 为实际值,$|e_i| = |f_i - y_i|$ 为绝对误差。从这里可以看出 MAE 就是指预测值与真实值之间的平均误差。该理论依据为最小二乘法去寻找最小 $S_E^2 = \sum\limits_{i=1}^{n} e_i^2$,可将其分解为两部分为

$$S_T^2 = \sum_{i=1}^{n} (y_i - \bar{y})^2 \qquad\qquad (4-26)$$

$$S_R^2 = \sum_{i=1}^{n} (f_i - \bar{y})^2 \qquad\qquad (4-27)$$

其中,S_T^2 为 y 观测值的总离差,S_R^2 为 y 的预测值的总离差。通过 R 检验法计算 $r^2 = \dfrac{S_R^2}{S_T^2}$ 是否落在 $H_0 = \{|r| > r_a(n-2)\}$ 进行判断。

4.1.3 基于互信息特征的 MCCA 知识推荐

4.1.3.1 基于互信息特征的知识推荐算法思想与框架

本节将从联盟成员的互信息特征入手,对 MCCA 的知识推荐的框架、联盟成员互信息的处理以及知识推荐算法进行深入的介绍。

作为移动云计算联盟知识管理平台的重要组成部分,移动云计算联盟知识推荐系统的推荐过程开始于移动云计算联盟知识共享信息的挖掘,通过挖掘移动云计算联盟成员知识偏好,并不断地通过联盟成员对于知识推荐的评价来动态调整联盟成员的偏好。

移动云计算联盟知识协同过滤推荐是知识推荐系统的核心部分,主要通过联盟成员的偏好,对移动云计算联盟中联盟成员的需求知识进行排序,提高联盟成员对共享知识的满意度,减少移动云计算联盟成员主动搜索和选择需求知识的时间,加快移动云计算联盟知识共享的过程,提高移动云计算联盟知识共享的效率。

在一次成功的知识共享完成之后,移动云计算联盟成员会对其获取的知识进行评价,主要对共享知识的联盟成员、可用时间、共享知识的满意度进行评价。依据每一个联盟成员其所共享全部共享知识的评分,加权生成该联盟成员的评价,并作为共享知识的一个特征,影响移动云计算联盟知识的推荐。

1. 基于互信息特征的 MCCA 知识推荐基本思想

移动云计算联盟知识推荐算法的基本思想是先依据移动云计算联盟成员的偏好,排除移动云计算联盟知识管理信息系统中虚假的移动云计算联盟成员行为信息。然后,通过挖掘移动云计算联盟成员对于共享知识的特征偏好,结合其对于移动云计算联

盟成员已评价的共享知识的评分,计算移动云计算联盟成员集合对目标推荐知识的评分,以及该移动云计算联盟成员对目标知识的相似知识已有评分,来预测该移动云计算联盟成员对于目标共享知识的评分,并对每一个目标共享知识的评分排序生成 TOP - N 个推荐结果,供联盟成员选择。

2. 基于互信息特征的 MCCA 知识推荐算法架构

移动云计算联盟成员的行为数据经过预处理,选择其中与移动云计算联盟成员评分信息相关的数据,并从中提取联盟成员的特征,依据移动云计算联盟成员的偏好特征,检测出虚假的联盟成员的行为信息。

通过移动云计算联盟成员的评分信息,选取移动云计算联盟成员的最近邻集合,利用最近邻的评分预测其评分,最终按照预测评分的高低,将推荐结果进行排序。算法架构如图4-4所示。

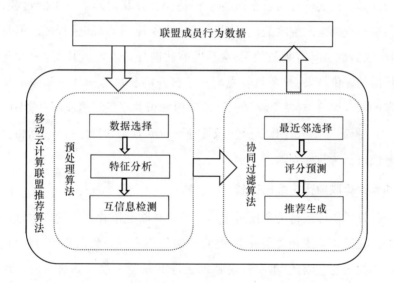

图4-4 基于互信息特征的移动云计算联盟知识推荐算法架构

4.1.3.2 联盟成员行为数据互信息预处理算法

1. 移动云计算联盟行为数据选择

移动云计算联盟知识管理平台上,存储了移动云计算联盟成员信息以及成员之间的知识共享的行为数据信息。每一条移动云计算联盟成员行为数据都代表了移动云计算联盟成员之间一次成功的知识共享行为,具体包括了知识共享的移动云计算联盟成员、共享知识的相关信息、成员对于共享知识的满意度信息三个方面。

其中,移动云计算联盟成员信息来源于移动云计算联盟成员的档案,包含了该企业的特征、规模、移动云计算产业链的位置和该企业所拥有的知识等信息。共享知识信息主要是指移动云计算联盟成员将自身拥有的知识中进行共享的部分,该部分知识的数量、特征、当前是否被使用等信息。移动云计算联盟成员对于共享知识的满意度信息主要是指在移动云计算联盟知识管理平台上每一个移动云计算联盟成员对于其获取使用的知识进行评分的信息。

2. 移动云计算联盟行为数据分类

移动云计算联盟知识管理平台上的联盟成员行为数据对于研究移动云计算联盟中的知识共性行为,移动云计算联盟成员对于共享知识的偏好具有重要意义,通过对移动云计算联盟成员行为数据的挖掘,能够提高移动云计算联盟成员的知识共享的满意度和移动云计算联盟知识共享的效率。

移动云计算联盟成员行为数据产生于移动云计算联盟知识共享的过程,每一次成功的知识共享过程都会产生联盟成员对于其获取和使用的知识的评价,但是实际过程中,由于两个联盟成员具有利益关系,会帮助彼此进行虚假的知识共享和生产符合联盟成员特定目的的评价结果,或者联盟成员基于自身的利益对于某一联盟成员共享的知识进行故意的恶意评价,对整个移动云计算联盟知识共享过程造成不良影响。

因此,为了提高移动云计算联盟知识管理平台的效率和稳定性,必须将虚假的移动云计算联盟成员行为数据剔除。

3. 移动云计算联盟行为数据比较

移动云计算联盟虚假行为数据对于移动云计算联盟推荐算法的准确性和鲁棒性有着重要影响。在推荐系统相关研究中,针对虚假的用户行为数据和评价信息,提出了托攻击检测的相关研究。因此,本书针对移动云计算联盟中推荐算法的虚假信息识别问题,引入了移动云计算联盟托攻击检测算法,用以提高移动云计算联盟推荐算法的准确性和鲁棒性。

移动云计算联盟成员真实的行为数据,对于挖掘移动云计算联盟成员的偏好十分重要,并且由于这类行为数据往往十分稀疏,如何有效地利用这部分行为数据,从移动云计算联盟成员和共享知识两个角度进行特征挖掘成为提高移动云计算联盟推荐算法性能的关键。

4. 移动云计算联盟行为数据提取

针对移动云计算联盟成员行为数据高稀疏性和包含虚假信息的实际情况,本书首先利用托攻击检测算法依据联盟成员偏好的一致性来识别那些虚假的行为数据,其次对于稀疏的真实行为数据通过引入信息熵和互信息化的处理,分析每一个知识的特征信息量,进而对移动云计算联盟成员行为数据进行了信息提取。

4.1.3.3　移动云计算联盟成员行为数据托攻击互信息检测

1. 移动云计算联盟行为数据互信息检测意义

在大数据时代,推荐系统在解决信息超载问题时发挥着日益重要的作用。在移动云计算联盟的知识共享中,联盟成员也同样面临着共享知识的超载问题,造成了移动云计算联盟知识共享效率和质量的下降。因此,将推荐系统引入移动云计算联盟知识共享的过程中,以主动的、个性化的知识推荐的方式来促进移动云计算联盟的知识共享,有助于移动云计算联盟知识共享效率和质量的提高。

移动云计算联盟知识推荐,采用协同过滤推荐的方式,通过对成员 – 知识评分矩阵的挖掘,获取成员的偏好,依据每一个成员的偏好向其推荐共享知识的信息,成员利用所需共享知识的信息建立联盟成员之间的合作共享关系,加速联盟成员之间的知识共享过程。但是,在实际的知识推荐过程中,一些联盟成员为了自身的利益,向移动云计算联盟的知识推荐系统提交其对于联盟其他成员知识的虚假评分,或者在其共享的数据知识中伪造用户的评分,使其共享知识在联盟中被更广泛地共享和传递,帮助其与联盟成员建立合作关系,造成了其他联盟成员的信誉和共享知识方面的损失,同时降低了移动云计算联盟知识推荐系统的推荐质量和联盟成员对系统的信任度的下降。

2. 移动云计算联盟互信息检测优势分析

本书参照现有推荐系统托攻击检测理论和互信息理论,引入移动云计算联盟成员互信息特征体系的概念,提出一种基于互信息特征体系的移动云计算联盟托攻击检测算法,将移动云计算联盟中虚假的知识共享行为以及对于共享知识的评分定义为对于移动云计算联盟知识推荐算法的攻击行为;移动云计算联盟中制造虚假行为信息的联盟成员定义为攻击移动云计算联盟成员。

首先,针对移动云计算联盟成员特点,提取了攻击移动云计算联盟成员特征概貌;其次,构建了移动云计算联盟成员概貌特征空间,通过计算移动云计算联盟成员概貌特征之间的距离对联盟成员进行特征聚类,选取移动云计算联盟共享知识评分数据库中适量真实成员特征作为测试数据集,依据特征聚类中选自测试数据集的移动云计算联盟成员特征概貌,计算得到攻击移动云计算联盟成员类;最后,依据移动云计算联盟成员评分偏离度来寻找攻击移动云计算成员类所攻击的目标知识类,通过对攻击目标知识类的特征分析来提取每一类中攻击成员特征概貌。

4.1.3.4 移动云计算联盟成员互信息检测

1. 移动云计算联盟特征关系定义

由于一组攻击移动云计算联盟成员特征概貌通常都是由同一攻击模型生成,攻击移动云计算联盟成员特征概貌之间高度相似和相关。据此,针对攻击移动云计算联盟成员的特征,提出了如下三个检测特征:

(1)移动云计算联盟成员评分随机缺失特征。一般正常的移动云计算联盟成员评分是依据自身偏好生成的,是独特的并且不具备随机缺失的特征,而攻击移动云计算联盟成员的评分信息是基于特定模型依据统计规律生成的,所以评分信息具有很高的随机缺失值。移动云计算联盟成员的评分随机缺失值的计算公式为

$$RMAR(i_1, i_2, \cdots, i_n) = \frac{2}{n(n-1)} \sum_{j=1}^{n} \sum_{k=j+1}^{n} w(i_j, i_k)(K - |r_j - r_k|) \quad (4-28)$$

其中,n 为一个移动云计算联盟成员特征概貌评分知识数目,$i_1, i_2, \cdots, i_n$ 为一个移动云计算联盟成员概貌的评分知识,$w(i_j, i_k)$ 为知识 j 和 k 的相似性。

(2)移动云计算联盟成员评分选取一致性特征。评分选取一致性特征 $RCAR$ 综合考虑评分知识自身特征和其相似知识的评分,计算公式为

$$RCAR(i_1, i_2, \cdots, i_n, r_1, r_2, \cdots, r_n) = \frac{2}{n(n-1)} \sum_{j=1}^{n} \sum_{k=j+1}^{n} w(i_j, i_k)(K - |r_j - r_k|)$$

$$(4-29)$$

其中,n 为一个移动云计算联盟成员概貌评分知识数目;$i_1, i_2, \cdots, i_n$ 为一个移动云计算联盟成员概貌的评分知识;$w(i_j, i_k)$ 为知识 j 和 k 的相似性;K 表示一个常数值,在此,令 K 为数据集中知识的最大评分,分别为该成员对知识 j 和 k 的评分。

(3)移动云计算联盟成员的特征主元和特征。移动云计算联盟成员的特征主元和特征体现了移动云计算联盟成员对于其所评分的每一联盟知识特征聚类贡献度,计算公式为

$$PC3U_i = \sqrt{(PC1_i^2 + PC2_i^2 + PC3_i^2)} \quad (4-30)$$

2. 移动云计算联盟互信息特征检测算法

(1)移动云计算联盟成员特征和攻击成员聚类。本书采用经典的 K-Means 聚类算法,其执行步骤如下:

步骤 1:设定初始移动云计算联盟成员类的个数和每一类中心成员,其中,类中心成员随机选择 K 个移动云计算联盟成员。

步骤 2:依据每一个类中心成员对移动云计算联盟成员进行分类,计算得到每个移动云计算联盟成员与类中心成员的距离。

步骤 3:重新确定当前移动云计算联盟成员类的个数和每一个类的中心成员。

步骤 4:依据重新确定的类别中心成员,对移动云计算联盟成员分类。

移动云计算联盟成员特征距离的计算公式为

$$d(x,y) = x - y = \left(\sum_{i=1}^{n} (x_i - y_i)^2 \right)^{\frac{1}{2}} \tag{4-31}$$

其中,x,y 分别是两个移动云计算联盟成员 n 维数特征向量。

(2)移动云计算联盟成员类攻击行为分析。攻击移动云计算联盟成员是为提高或者降低知识被推荐的概率,同时移动云计算联盟成员所攻击的知识评分与正常知识评分明显不同。因此,本书提出了移动云计算联盟成员和移动计算联盟知识的评分偏离度特征,对攻击移动云计算联盟成员进行检查,计算公式为

$$\text{UIRD}_i = \frac{1}{|S|} \sum_{u \in S} \sqrt{(r_{u,i} - \bar{r_i})^2} \times \sum_{u \in S} (r_{u,i} - \bar{r_u}) \tag{4-32}$$

其中,集合 S 为移动云计算联盟成员类中具有知识 i 评分的成员集合;$r_{u,i}$ 为成员 u 对知识 i 的评分;$\bar{r_u}$ 为成员 u 对数据集 S 上的每个知识的平均评分;$\bar{r_i}$ 表示知识 i 在数据集 S 上的平均评分。

一个攻击移动云计算联盟成员所攻击的目标知识具有最大的知识评分背离度 UIRD$_i$ 计算公式为

$$\text{Dev}_i = \sum_{u \in S} (r_{u,i} - \bar{r_u}) \tag{4-33}$$

$$\text{Std}_i = \frac{1}{|S|} \sum_{u \in S} \sqrt{(r_{u,i} - \bar{r_i})^2} \tag{4-34}$$

Dev$_i$ 体现了知识 i 与数据集 S 上其他知识评分之间的偏差;Std$_i$ 体现知识 i 在数据集 S 上整体评分。一个攻击移动云计算联盟成员生成的攻击知识评分通常为极值,因为这样的评分具有最优的攻击效果。因此,攻击移动云计算联盟成员所生成的知识虚假评分背离度较大,由此可检测出移动云计算联盟成员特征。

4.1.3.5 基于互信息移动云计算联盟协同过滤算法

传统的协同过滤算法在相似度度量方面,考虑了两个项目之间的公共评分,但是忽略了项目的类别信息对于相似度计算的影响。另外,在预测用户评分的计算中,传统协同过滤算法采用用户的平均评分来衡量用户自身的兴趣,然而由于在评分项目中,每一个项目与目标项目相关性存在差异,尤其是处于不同类别的项目对目标项目评分的影

响具有很大的差异。同时,在项目评分中,较高评分和较低评分所占比例很小,但是很能体现用户的偏好,大量处于中间部分的评分,往往只是用户的默认评分,对于评分预测影响不大,因此,在用户自身评分的计算和相似度度量方面都应该考虑到在用户 – 项目评分矩阵中不同项目之间的类别关系。

综合以上分析,针对移动云计算联盟知识推荐,在相似度度量方面应该通过移动云计算联盟成员已评分知识的类别信息来提取移动云计算联盟成员偏好特征,并结合成员 – 知识评分矩阵中的评分信息来计算不同移动云计算联盟成员之间的相似度,进而得到移动云计算联盟成员的邻居集合,获得移动云计算联盟成员邻居集的预测评分;在计算移动云计算联盟成员自身评分时,要依据移动云计算联盟成员已评分项目的类别信息进行加权计算。最后,通过融合因子来计算移动云计算联盟成员对于目标项目最终的预测评分。

移动云计算联盟成员的评分信息通常包括两部分,显式评分和隐式评分。显示评分主要是指移动云计算联盟成员针对知识已经进行评分,评分信息能够从成员 – 知识评分矩阵直接获得;隐式评分则主要是指移动云计算联盟成员的知识共享行为,例如移动云计算联盟成员的知识共享频率、知识共享时间等。隐身评分中移动云计算联盟成员没有做出任何评分,一般通过观察移动云计算联盟成员的行为来获取其偏好。

1. 移动云计算联盟互信息特征

(1)知识的信息熵。在香农信息论中,熵用来表示对信息不确定性的度量,采用数值的形式表达信息含量的多少。

假设 X 是一个知识,$p(x)$ 为 X 概率密度函数,则 X 的信息含量可以用信息熵 $H(X)$ 表示,计算公式为

$$H(X) = p(x)\log p(x) \tag{4 – 35}$$

依据信息熵的定义,在本书算法中,我们定义一种基于知识类别信息的熵,用来表示知识的类别信息对于移动云计算联盟成员评分偏好的影响。每一个知识在不同的分类标准或者分类角度下,通常会具有若干的类别信息,即可能同时属于不同的类别。因此,类别信息熵应该能够同时体现类别和评分信息,计算公式为

$$H(X) = p(x)\log p(x) = \frac{i \times r_i}{n \times r_{\max}}\log \frac{i \times r_i}{n \times r_{\max}} \tag{4 – 36}$$

其中,r_i 为移动云计算联盟成员对知识 X 的评分;i 为知识 X 含有类别的个数;n 为所有类别的个数;$r_{\max}$ 表示采用的评分制里的最高分。

传统的协同过滤算法考虑在移动云计算联盟成员的所有评分项中,具有相同评分且属于同一类别的项目具有较高的相似度。本书认为,属于同一类别的两个知识,由于

知识可能还具有其他类别信息,即处于聚类结果中多个类别共有的区域,所以由此计算的相似度具有一定的误差。类别信息熵将移动云计算联盟成员的评分作为知识的每个类别的评分,通过与所有类别的最高分之和的比,来表示知识还有的类别信息量。

(2)评分类别互信息。知识互信息是一个知识包含另一个知识的信息量的度量,可以用于衡量两个知识间相互关联的强弱程度,即表示两个知识间共同拥有信息的含量。对于两个知识 X 和 Y,它们的概率分布分别为 $p(x)$ 和 $p(y)$,联合分布为 $p(x,y)$,则知识 X 和 Y 的互信息 $I(X,Y)$,计算公式为

$$I(X,Y) = p(x,y)\log\frac{p(x,y)}{p(x)p(y)} \tag{4-37}$$

通过将成员 - 知识评分矩阵中的知识评分信息与知识自身包含的类别信息进行综合,提出基于评分和类别的知识综合互信息,计算公式为

$$I(X,Y) = \frac{i_{xy} \times r_{xy}}{\sum_x \sum_y i \times r}\log\frac{\dfrac{i_{xy} \times r_{xy}}{\sum_x \sum_y i \times r}}{\dfrac{i_x \times r_x}{n \times r_{max}} \times \dfrac{i_y \times r_y}{n \times r_{max}}} \tag{4-38}$$

其中,i 表示知识 X 和 Y 的类别个数;r_x 与 r_y 分别表示知识 X 和 Y 的评分;i_{xy} 和 r_{xy} 分别表示知识 X 和 Y 的公共类别的个数和公共评分;$\sum_x i \times r$,$\sum_y i \times r$,$\sum_x \sum_y i \times r$ 分别表示知识 X 的类别评分信息的和、知识 Y 的类别评分信息的和、知识 X 和 Y 包含的所有类别评分信息和。

在计算两个知识的相似程度时,已有的算法通过计算两个知识相同评分的数量占所有评分的比重来衡量它们的相关程度,这种方法忽略了移动云计算联盟成员由于惰性而采取默认评分即评分制中的中间评分进行评分,并且剔除了大量虽然评分不同,但是同样能够表示对于两个知识很鲜明的喜欢或者厌恶的评分,即在评分制中较高分和较低分临近的分数,造成相似度度量的误差,这种现象在评分宽度大的评分制中比评分宽度较小的评分制对于知识相似度度量的误差影响大,例如在 10 分制中,9 分和 10 分尽管不相同,但是同样能够表示移动云计算联盟成员对于两个知识的喜欢程度;如果两个知识具有很多 5 分的共同评分,按照已有方法会具有很高的相似度,实际上很可能使移动云计算联盟成员由于惰性的默认态度。

结合以上对于知识相似度的分析,采用基于类别和评分的知识互信息来计算知识间的相似程度,充分考虑了评分矩阵中的评分信息的同时,将已有评分的类别信息融入相似度的计算过程中,这样就把两个知识的相似度度量细化到知识的类别,同时考虑到了每一个评分对于知识相似度的影响。

2. 移动云计算联盟互信息特征加权

(1) 移动云计算联盟互信息特征权重定义。对于移动云计算联盟成员自身评分部分,采用所有评分的均值的方法,降低了已有评分体现移动云计算联盟成员偏好的效果,因为决定移动云计算联盟成员偏好的评分只是那些能够显著体现移动云计算联盟成员偏好的评分,例如最高分和最低分及其附近的评分。为了提高预测的精确性,针对移动云计算联盟成员自身评分部分,采用知识特征权重的方法,进行优化。依据目标知识的类别信息,计算知识与目标知识的互信息相似度,并以互信息相似度作为权重加权计算移动云计算联盟成员自身评分。

(2) 移动云计算联盟互信息特征权重计算。移动云计算联盟成员互信息特征权重的计算公式为

$$r_u = \frac{\sum_i^n \frac{2I(X,X_i)}{H(X) + H(X_i)} \times r_i}{\sum_i^n \frac{2I(X,X_i)}{H(X) + H(X_i)}} \qquad (4-39)$$

其中,$I(X,X_i)$ 的计算方法式(4-38)中的 X 为目标知识;X_i 为已评分知识;n 为已评分知识的个数。

3. 移动云计算联盟互信息协同过滤推荐

(1) 移动云计算联盟互信息相似度计算。采用互信息方法计算知识间的相似度,依据相似度的定义,需要将互信息进行归一化处理,即使其值限定在 $[0,1]$ 之间。高鹏提出的互信息相似度的三种归一方法为

$$\frac{I(X,Y)}{\max\{H(X),H(Y)\}}, \quad \frac{I(X,Y)}{\min\{H(X),H(Y)\}}, \quad \frac{I(X,Y)}{H(X) + H(Y)} \qquad (4-40)$$

在知识间的相似度计算过程中,由于每个知识的评分信息量会很少,即知识的评分很稀疏,知识类别数量单一,造成该知识与其他知识的相似度过大或者过小,所有对于分母的选择,使用两个知识的平均熵 $\frac{H(X) + H(Y)}{2}$,得到的互信息相似度计算公式为

$$\text{sim}(u,v) = \frac{2I(u,v)}{H(u) + H(v)} \qquad (4-41)$$

(2) 移动云计算联盟互信息评分预测。协同过滤算法预测移动云计算联盟成员对于目标知识的评分,通常包括两部分:体现移动云计算联盟成员自身兴趣的成员已有评分,通常采用移动云计算联盟成员评分知识的所有评分的均值来表示;移动云计算联盟成员最近邻评分或者目标知识相似知识评分以相似度作为权重的加权计算评分。

针对依据最近邻评分的预测评分,采用改进后的知识互信息相似度进行计算,计算

公式为

$$r_{vi} = \frac{\sum\limits_{v \in N(n)} \dfrac{2I(u,v)}{H(u) + H(v)} \cdot (r_{vi} - \bar{r_v})}{\sum\limits_{v \in N(n)} \dfrac{2I(u,v)}{H(u) + H(v)}} \qquad (4-42)$$

移动云计算联盟成员对于目标知识的最终评分计算公式为

$$r = r_u + r_{vi} \qquad (4-43)$$

(3)移动云计算联盟推荐知识生成和排序。依据移动云计算联盟成员需求知识的信息,通过计算候选知识的预测评分,产生知识推荐集合,并对每一个推荐知识按照预测评分进行排序,综合移动云计算联盟成员所需知识的数量,确定知识推荐结果列表的长度,选取推荐列表中预测评分排在20%的候选知识向移动云计算联盟成员推荐。

对于推荐列表中,移动云计算联盟成员选择的知识进行二次推荐,在候选推荐知识集合中寻找其相似度最高的邻居集合,计算其预测评分按照第一次推荐列表中被移动云计算联盟成员选择的知识比例,向其进行二次推荐。

4.2 移动云计算联盟知识转移机制

4.2.1 移动云计算联盟知识转移机理

知识生态系统是知识生产者、知识消费者、知识分解者以及知识传递者等角色有机融合、相互作用,使知识流动进入良性循环状态的动态体系。在此基础之上,本书从知识生态的角度揭示 MCCA 知识转移的过程,如图4-5所示。

随着市场经济环境的剧烈变化,在外界环境的刺激下,作为知识消费者的移动云计算领域企业,为了弥补自身知识、技术差距,抓住这稍纵即逝的市场机遇,将凭借以往的经验或者根据高校已发表的学术论文、申请的专利技术以及科研基金项目等选择未来合作的高等院校,并对自身知识缺口以外显化的方式,制作成详细、逐条目、清晰的任务书,通过邮件或者纸质形式发送给高校。高校在达成合作意向,了解企业任务书具体内容后,与移动云计算企业进行交涉。通过短期内频繁的与企业交流和考察,经过深入了解企业文化后,锁定知识需求范围。此时高校科研人员结合现有知识,以推动企业进行商业化和产业化为目的,开始知识创新与整合过程,打造公有知识,通过研究报告等知识外显化的方式交给科研机构,此过程是联盟知识转移的第一阶段。联盟知识转移的第二阶段是科研机构将创新技术与企业本身要素融合起来,再一次深层次加工公有知识,形成增值知识传递给移动云计算企业。企业在收到相关报告后,通过开展讲座、培

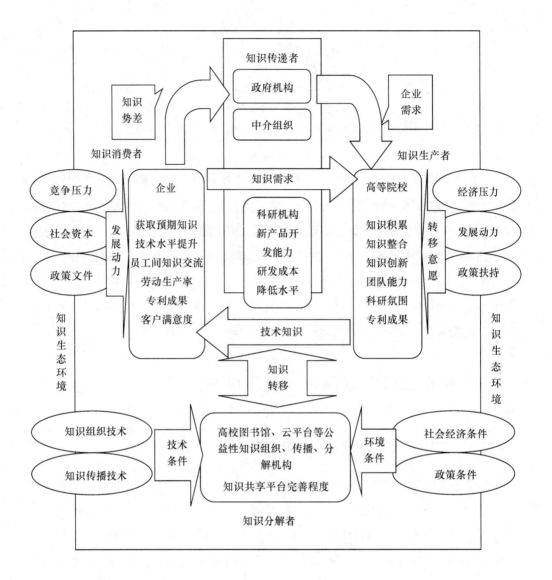

图 4 – 5 知识生态视角下 CCMA 知识转移机理

训员工、技术改进等多种方式,将知识内化为专有知识,这里的专有知识一般是指代表生产力的隐性知识。伴随联盟内知识转移的频率不断升高,知识转移的范围的增大,隐性知识被高等院校的图书馆、云平台等知识分解者捕获,这些机构会对这些知识进行整理、分类、传递、共享,并慢慢被大众所熟知,增加联盟的知识含量,达到其分解知识的作用。知识环境因素是知识存在、转移、成长、创新的重要物质基础和文化基础,云环境下MCCA 中的知识环境因素包括社会经济水平、知识传递技术条件、国家政策条件、云计算技术水平等要素。云计算技术的应用,使 MCCA 知识转移对外部环境做出动态响应,以其技术优势加速知识转移速度。随着政府的法律法规的制定、政策倾斜等优越条件,给联盟知识转移营造了良好的活动氛围。金融机构注入的资金支持以及中介机构的催化和黏合作用,这些都使得整个 MCCA 知识生态链更加丰富多彩,知识流动更加顺畅。

4.2.2　移动云计算联盟知识转移过程

4.2.2.1　MCCA 知识的 SE - IE - CI 转移模型

本书在野中郁次郎提出的 SECI 模型基础上将移动云计算联盟内知识转移分为六个历程:联盟成员个体社会化(S)、联盟成员个体外部化(E)、移动云计算联盟内部化(I)、移动云计算联盟社会化和外部化(E)、联盟成员个体组合化(C)以及联盟成员个体内部化(I),即 SE - IE - CI 模型。

(1)联盟成员个体社会化。这是最初阶段,即移动云计算联盟内个体成员产生新的技术理念、专有技术诀窍或者获取某些技术背后的隐性知识的阶段,将这种隐性知识在单个联盟成员内部实现转移和传播,进而促进其向企业内部知识的转化,由某些个体员工的隐性知识转化为联盟成员的社会化知识的过程。这种社会化的企业内部知识转化主要是靠企业内部活动中的观察、师徒式的模仿和创新实践来完成的。

(2)联盟成员个体外部化。该阶段中,有想法的个体员工通过显性化手段和语言工具如隐喻、概念、模型等进行对话和交流,有效表达隐性知识,促进隐性知识的外在化和公开化,其目的在于促进企业内部知识的转移,具体性的实践性较强的知识易于在组织中转化和转移,而深层次的知识则不易为他人所获取。该阶段主要是对由隐性知识转化的显性知识进行有效的系统化整理与知识加工,实现显性知识的条理化和序列化,促进知识增值。最初的技术理念、专有技术诀窍等在联盟成员个体中推广征询意见,并不断改进。

(3)移动云计算联盟内部化。从该阶段开始,最初的技术理念、专有技术诀窍等开始通过移动云计算联盟知识平台吸引其他联盟成员,由单一成员层面上升到整个移动云计算联盟层面,越来越多的移动云计算联盟成员关注这种技术或知识,众多联盟成员开始了解并进一步学习该知识,并将该项显性知识内部化。这种学习和内部化的过程,不再局限于一个单一的团队、组织或者企业,而是开放式的,是大量的移动云计算联盟成员个体将显性知识内部化的过程。

(4)移动云计算联盟社会化和外部化。该阶段移动云计算联盟成员在内部化了技术理念、专有技术诀窍等核心思想后,激发了自身的创新愿望,将自身知识和经验与创新知识结合,并通过已有知识平台,发布新的知识产品。整个移动云计算联盟的创新知识迅速膨胀,移动云计算联盟在该阶段开始获取创新产品的商业利润。

（5）联盟成员个体组合化。该阶段经过移动云计算联盟其他成员的参与，初期的知识创新产品实现了飞跃，甚至有些创新理念发生了较大的变化，联盟成员个体通过各种知识传播介质如各种文件、会议、电话会谈或邮件等形成的知识语言和表达符号将这些创新理念实现显性与隐性的有效整合，通过某种知识需求实现各种显性知识的组合与系统化。该阶段主要是实现一种初级阶段的显性知识转化为更加高级阶段的显性知识，新的知识体系超越原有知识结构，实现组织知识体系的扩大与知识转移。

（6）联盟成员个体内部化。在该阶段中联盟成员个体对联盟中的新知识进行学习，并与自身经验和实践紧密结合，使显性知识成为个人知识的一部分。即知识状态又由显性知识转化为隐性知识的知识运行过程。经过组合化的知识成为更加广泛意义的显性知识，这种知识对于整个组织体系而言是比较有价值的知识结构，同时也通过这种显性知识的积累，并将这些积累的显性知识进一步形象化、具体化、系统化，促进新的知识形成，这种新的知识再次通过内部化变得"隐性"，即成为具有某些专用性的核心技术，被组织内部员工吸收和消化加工升华成他们自己的隐性知识。

知识场是移动云计算联盟知识整合与互动平台，这个平台可以是实体存在的，诸如联盟核心企业间的活动社区、技术交流会、论坛会、博览会等，也可能是通过互联网实现的虚拟知识转移网络，如电子邮件、网上聊天、电子会议等。野中郁次郎认为：在知识转移的 SECI 模型中，每一个阶段都存在着对应于不同类型的场（Ba），每个场分别提供不同的知识互动与交流的平台，支持一种类型的知识转化与知识转移，使知识创造加速进行。将知识场及其知识转化过程有机关联起来，构建移动云计算联盟知识转移 SE - IE - CI 模型，如图 4 - 6 所示。

（1）原始场。原始场是知识转移的起始阶段，是知识主体之间、面对面彼此分享经验、想法等隐性知识的场所。在移动云计算联盟中，原始场承载着企业个体员工之间作为精神与心智模式层面的知识交流，在多次交流和彼此信任的基础上，促进显性知识的整合、加工，变为移动云计算联盟内部的隐性知识，移动云计算联盟内部相互交流经验与心态，从而实现隐性知识的转移。

（2）互动场。互动场是由隐性知识转为显性知识的过程，是联盟成员个体知识外部化的基础，通过交流和知识转移，相关知识主体将隐性知识编码，实现了隐性知识的显性化，便于为移动云计算联盟内企业的扩散与应用。在互动场中，知识主体之间以开放、创新、转移、合作的态度，将个体隐性知识转变为可表达的、易于传播、便于转移的显性知识。

（3）网络实践场。联盟成员个体向联盟其他成员宣传新的技术理念或专有技术诀窍，有的联盟成员会对其进行参观，同时伴有强烈的学习愿望。

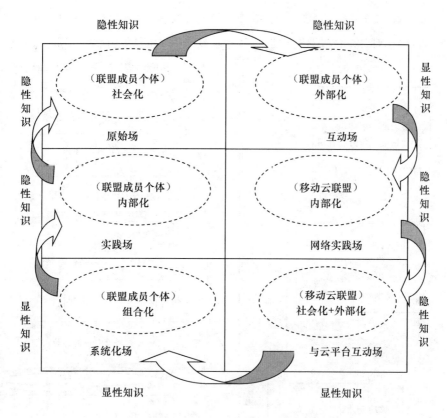

图 4-6 联盟知识的 SE-IE-CI 转移模型

(4)与云平台系统互动场。联盟成员通过云平台上传新的知识产品或者是初期的想法,联盟成员在云平台上进行交流、探讨以及获取新的知识。

(5)系统化场。是由显性知识到显性知识的组合化过程,知识从不同层级的显性知识进行传递和转化,新产生的显性知识与已有的显性知识联合与转移,形成更加系统化、高层级的新显性知识。

(6)实践场。实践场将显性知识转换为隐性知识,是知识实现内部化的重要平台,它提供了"干中学"的实践基地,促使显性知识转化为隐性知识。通过实践场,形成了移动云计算联盟知识转移的一个完整回合,这也是新的知识转移的起点,通过隐性知识的积累,又将在新的知识场进行新的知识转化,进而实现移动云计算联盟的知识转移。

4.2.2.2 MCCA 不同阶段的知识转移过程

移动云计算联盟中的知识转移是一个多阶段的过程,如图 4-7 所示。

第一阶段:知识的转移和内化实现知识的积累。在这一阶段,参与联盟的企业从联盟中通过对知识转移获得的知识内化、整合,实现知识的积累,使自身知识库得以提升。

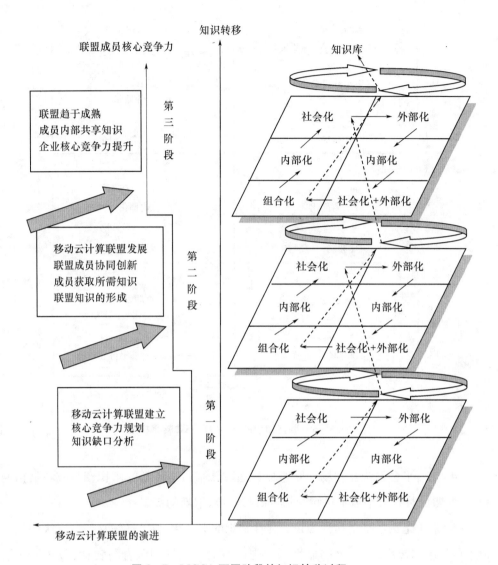

图 4 - 7 MCCA 不同阶段的知识转移过程

第二阶段:移动云计算联盟成员协同创新产生新的联盟知识,移动云计算联盟使"干中学""学中干"的互动式学习以及知识转移成为可能。具有不同核心专长的企业及其他机构结成移动云计算联盟后,联盟内的成员之间不仅容易获得显性知识,同时也能获取隐性知识,并且能逐步将隐性知识转化为显性知识。拥有不同专长的企业为了共同的战略目标而结盟,贡献各自的核心专长,并通过移动云计算联盟这个平台,企业获取所需要的知识,并进行相互的知识转移和学习,通过转移各方的知识,相互启发和探讨,从而产生新知识。这种新知识对联盟来说是联盟的创新成果,对参与联盟的各成员来说,它们在实现联盟创新成果的同时,不但可以进行显性知识的转移,而且可以通过边干边学实现隐性知识的转移。在这一阶段,通过协同创新共同完成联盟的任务,加深彼此依赖程度,增强协调解决问题的能力,并能获得自己原先不具有的知识。

第三阶段:移动云计算联盟成员通过培训等各种活动,把新知识传授给更多的企业员工,使企业内更多的员工通过掌握这些新知识,不断提高自身的能力,从而促进企业整体自主创新能力的不断提升,以增强企业的核心竞争能力,使其自身竞争优势得到不断的增强。

图 4-7 描述了知识转移伴随移动云计算联盟的建立、发展、成熟的整体循环中,联盟核心能力完成升华的过程。图中折线部分是联盟成员核心能力的不断提升台阶图,表示移动云计算联盟内成员的竞争优势正是随着核心能力的不断提升而增强。

4.3　移动云计算联盟知识共享机制

4.3.1　知识共享的内涵与特征

MCCA 知识共享是在知识开发与利用层面,通过建立在信任基础上知识主体之间的有意识的相互交流与沟通学习或为实现共同战略目标而建立的紧密互利合作关系,弥补知识主体自身知识缺口、提升联盟整体知识存量、加快组织间知识的流动速率,最终实现 MCCA 内知识的可持续复用及知识的不断创新。其主要特征如下:

(1)知识共享是一种知识主体间的学习过程。MCCA 内各知识主体间的知识共享并不是简单的知识转让与授权,而是共享双方或多方的复杂学习过程,利用 MCCA 知识服务平台进行组织间学习实现知识的跨组织交流并可形成知识网络的公共知识及相关技术标准,推动 MCCA 知识的价值增值与新知识的产生。

(2)知识共享是一种有意识的行为。一方面,MCCA 内各知识主体为获取与移动云计算相关的先进知识,并充分利用 MCCA 的知识,往往放弃个体理性而选择有利于自身发展的集体理性,主动进行知识共享。另一方面,MCCA 整体信任氛围、集群品牌与文化、联盟基本规范与制度共同影响 MCCA 各主体的知识共享态度,提升主动知识共享的意愿。

(3)知识共享的价值标准是知识的复用与创新。MCCA 内知识共享的基本价值标准是实现知识的复用,提升共享主体的价值存量,弥补知识缺口。在此基础上,围绕移动云计算技术产品的研发与生产,共同创新,产生创新性知识,并加以应用以实现知识共享的高级价值标准。

4.3.2 知识共享的影响因素与动因

4.3.2.1 知识共享的影响因素

MCCA 内各知识主体间的知识共享程度将受到来自于知识主体、组织因素、知识内容以及合作环境的共同影响。

(1)主体因素。MCCA 内知识主体主要指移动云计算领域企业及相关组织机构。在知识共享过程中,首先,提供共享性知识的知识供给方的合作意愿,以及对输出知识的编码能力对知识共享的效果产生主要影响;其次,知识需求方对知识网络内共享性知识应具备较好的理解能力、学习能力及吸收转化能力;最后,知识主体间信任关系的建立是知识网络内各知识主体进行知识共享的基础。

(2)组织因素。MCCA 作为一种新型的产业组织形式,其独有的跨地域虚拟化运作模式,成员的准入、退出机制,以及联盟对各成员的基本规范与共识的联盟文化共同影响嵌入其中的知识共享活动。首先,MCCA 横向价值链与纵向价值链相互交错,有利于知识在各主体间的共享流动;其次,MCCA 为实现知识的优势互补、优化产业结构以及提升联盟整体竞争优势,鼓励各成员进行学习与交流,以高速移动互联网、多维网络通信技术及 MCCA 知识服务平台为载体提供在线学习、沟通的机会,引发知识共享的产生;最后,知识网络内的共享行为往往无法自发产生,需要 MCCA 制定激励措施加以引导。

(3)知识因素。由于 MCCA 中高新技术与知识的复杂性与隐形,这对知识网络内组织间的知识共享有较大影响。首先,大量以经验、技能为代表的隐性知识难以准确、清晰地表达,使知识的获取方无法直接吸收。因此,当知识网络内共享性知识中包含大量的隐性知识时,其共享的难度与共享程度难以把握;其次,各网络主体知识含量的透明度,将影响知识共享的意愿。如果各知识主体因担心核心知识的外泄而拒绝参加知识共享活动,则知识联盟难以形成。因此,建立相互信任的社会网络关系,可以降低知识网络内各主体过度的知识保护意识与机会主体的产生,有助于自由交换学习环境的建立。

(4)环境因素。首先,MCCA 是产业组织的一种特殊形式,其主要核心产业仍与移动云计算领域产品研发、生产各环节密切相关。移动云计算环境的快速发展,使 MCCA 的产业环境快速变化,对相关知识的需求变化较快;其次,在知识共享过程中,各知识主体仍然面临核心知识外泄的风险,因而将影响合作研发联盟的稳定程度,对合作环境产生影响;知识共享过程中,知识的传递方式与渠道,由于 MCCA 跨地域特征使传统的学习、交流模式无法承载大量高新技术知识的传递,因此基于网络 MCCA 知识服务平台将成为实现知识共享活动的主要网络环境。

其具体相互关系如图4-8所示。其中主体因素是整个联盟知识共享的基础,知识因素是知识网络知识共享的主体,组织因素是载体,环境因素为知识网络进行知识共享提供支持。

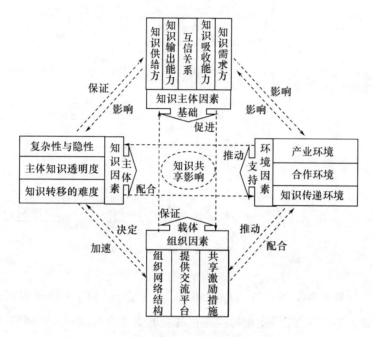

图4-8 知识共享影响因素相互作用关系图

4.3.2.2 知识共享的动因

MCCA的建立为其成员提供合作伙伴成员池,同时也增加了大量的市场机遇。伴随着移动云计算产品市场生命周期的缩短与竞争环境的进一步加剧,大量移动云计算相关企业及相关组织机构通过加入MCCA以开拓更广阔的经济活动空间,利用联盟优势把握市场机遇,获取丰富的知识。因此,当MCCA内成员为把握某一市场机遇或对自身知识补充更新时所拥有的知识存量无法满足相应的知识需求时,便产生了知识缺口(知识供给无法满足知识需求)。此时,MCCA成员将依托集群优势,在MCCA内各成员与联盟共享性知识中寻找相应的知识,以弥补自身知识缺口。其中,在由市场机遇而构建的移动云计算合作研发联盟中,各合作成员资源优势互补,弥补知识缺口成为MCCA内知识共享的主要动因。如图4-9所示。

MCCA内知识主体间的知识共享过程受到内部知识需求与外部市场机遇的共同推动作用。一方面,知识网络内组织间学习活动来自于企业内部知识需求推动,它成为促

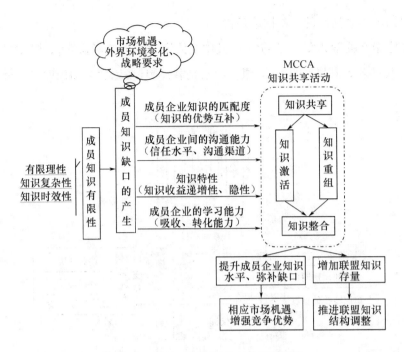

图 4 - 9 MCCA 知识共享动因模型

进知识主体参与知识共享的主要内部推动力。另一方面,MCCA 成员知识的有限性使其在响应市场机遇、适应外界变化与实现自身发展的战略要求时面临知识缺口,为弥补缺口进而对 MCCA 内的知识产生依赖。知识缺口的产生与集群成员对外部知识的依赖性是知识网络内各主体进行知识共享的外部推动力。

在上述两种推动力的共同推动下,又由于知识具有边际效益递增的特性,使 MCCA 内知识主体主动形成参与知识共享活动的意愿。因而通过各知识主体间的知识共享,提升了各主体自身知识水平与集群整体的知识存量,为实现成员的市场机遇快速响应能力与竞争优势以及联盟整体知识结构的调整提供新的途径。

4.3.3　知识共享模式的委托代理模型

在分析知识共享的影响因素与动因的基础上,本书基于委托代理理论构建 MCCA 知识共享博弈模型,对知识网络内各知识主体间的知识共享的实现条件进行研究,从而为知识网络内知识共享模式的构建提供依据。

4.3.3.1　知识共享主体间的委托代理关系

委托代理理论建立在非对称信息博弈论的基础之上,将委托代理关系视为一种契约关系,在非对称信息的交易中,一个或多个行为主体根据一种明示或隐含的契约,指定、雇佣另一些行为主体为其服务,同时授予后者一定的决策权利,并根据后者提供的服务数量和质量对其支付相应的报酬,其中授权者就是委托人,占有信息优势的被授权者则是代理人。由于委托代理双方为各自独立的利益主体,信息的非对称性包含以下两方面:

一方面,委托代理双方利益不对称。委托人与代理人都是追求利益最大化的经济主体,因此当代理人超越委托人的授权而谋求自身额外收益时,代理问题随即产生;另一方面,信息内容的非对称,在委托代理关系中,委托人对代理人的了解程度是有限的,这使代理人占有一定的信息优势,从而产生机会主义行为,损害委托人的利益。综合上述两种原因,代理人为了谋取最大化利益并且杜绝"搭便车"行为,将违背委托人的意愿,利用授权谋取私利,损害委托人的利益。因此,以委托人视角,在委托代理关系中应制定相应的规范以约束代理人行为,统一双方目标。

在 MCCA 中知识共享活动中,一方面,各知识主体均是追求利益经济主体,其发展目标仍是追求自身最大化利益;另一方面,MCCA 内知识共享方与知识的需求方存在信息不对称现象,知识的需求方对共享方的知识价值含量、共享的意愿程度无法完全了解,呈现出信息劣势。因此,在 MCCA 内,知识主体在知识共享过程中符合委托代理关系,可以依据委托代理理论进行深入分析。在知识共享过程中,代理人是拥有信息优势的知识拥有主体,而信息劣势的知识需求主体则为委托人。

4.3.3.2　知识共享委托代理模型的构建

如图 4-10 所示,MCCA 知识共享的委托代理过程可以描述为,知识需求主体首先在 MCCA 的共享性知识索引中查询所需知识并发现所需知识的拥有主体,进而与知识拥有主体进行沟通,并委托知识拥有主体进一步共享所需具体知识,以使知识需求主体从中获取所需知识,此时知识共享主体接受委托成为知识共享的代理人,知识需求主体则为委托人。同时为了缩短委托代理双方的不对称信息,MCCA 环境将对知识共享活动进行约束与监督。

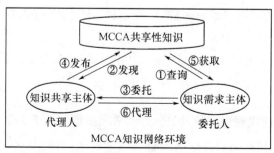

图 4-10　MCCA 知识共享委托——代理过程

1. 模型假设

知识共享委托代理模型的假设如下：

（1）知识网络各主体间的知识共享是在 MCCA 约束和管理下进行的。

（2）可共享的知识量。假设知识共享方（代理人）私有知识总量为 K，且短期内为一常量，保持不变。

（3）知识共享方（代理人）的共享意愿。假设该共享意愿为 $a(0 \leqslant a \leqslant 1)$，表示知识共享主体愿意共享的知识占其知识总量的比例，则知识共享方（代理人）知识共享量为 aK。

（4）知识共享过程中的不确定性。在 MCCA 的知识共享过程中，由于外界环境等随机因素的扰动，使知识共享方（代理人）共享能力、知识传递过程中的损失以及知识需求方（委托人）对代理人共享的知识的吸收能力都可加剧知识共享过程中的不确定性，设其为均值为 0，方差为 δ^2 的正态分布随机变量 θ，记为 $\theta \sim N(0, \delta^2)$。

（5）知识共享环境。由于知识网络内知识共享活动跨越多个知识主体，其共享过程更加复杂。假设影响知识共享活动的知识网络共享环境为其他可观测变量 I，假设 I 是均值为 0，方差为 δ_I^2 的正态分布随机变量，记为 $I \sim N(0, \delta_I^2)$。

（6）知识需求方（委托人）收益。知识需求方通过知识共享获取所需知识，用于移动云计算产品的研发、生产，进而实现知识价值与创造相应收益。假设知识共享委托人收益与共享知识的获取量呈线性关系，记为 $w_r = aK + \varepsilon\theta + \gamma I = \pi + \gamma I$，其中 π 为委托人获取共享知识的总量，$\pi = aK + \varepsilon\theta$，$\varepsilon$ 为不确定因素对知识共享数量多少的影响程度，γ 表示知识委托人收益与共享环境间的关系，若 $\gamma = 0$，则收益与共享环境无关。

（7）知识共享方（代理人）收益。假设知识共享方的固定收益为 s，则知识需求方（委托人）在获取共享性知识后从其收益中以一定比例 φ 给知识共享方（代理人）支付报酬，则知识共享方（代理人）的收益 $w_s = s + \varphi w_r$。

（8）知识共享成本。MCCA 知识共享双方在知识共享的委托代理过程中均产生共享成本，共享成本是共享知识量的函数，记知识代理方的溢出成本为 $C_s = \dfrac{1}{2 \cdot b_s(aK)^2}$，知识委托方的学习成本为 $C_r = \dfrac{1}{2 \cdot b_r(aK)^2}$，其中 b_s、b_r 分别为知识共享双方知识共享活动的努力系数。

（9）知识共享委托代理双方的风险偏好及效用函数。由于 MCCA 的虚拟运行特性，其知识网络内各主体间的知识共享活动具有一定的动态性，且各主体都是有限理性的独立经济个体，虽然存在 MCCA 的约束与管理，知识网络内的知识共享活动仍将存在一定的风险。因此,知识共享的委托代理双方的风险选择策略均是风险规避的,其效用函数具有不变的绝对风险规避特性,知识共享的委托方的风险效用函数为 $u_r(\lambda_r) = -e^{-\rho_r\lambda_r}$,知识共享的代理方的风险效用函数为 $u_s(\lambda_s) = -e^{-\rho_s\lambda_s}$,其中 ρ_r、ρ_s 为双方知识共享的风险规避系数,λ_s、λ_r 为参与知识共享委托代理双方的实际收入。

2. 模型构建

知识共享委托代理模型包含以下三个方面:

(1)知识委托方期望收益。由上述分析可知,知识委托人的实际收入 λ_r 为知识委托人收益减去支付的报酬与共享成本,即

$$\lambda_r = w_r - w_s - C_r = w_r - (s + \varphi w_r) - \frac{1}{2}b_r(aK)^2$$

$$= (1 - \varphi)(aK + \varepsilon\theta + \gamma I) - s - \frac{1}{2}b_r(aK)^2 \tag{4-44}$$

则有 $\lambda_r \sim N(aK(1-\varphi) - s - \frac{1}{2}b_r a^2 K^2, (1-\varphi)^2(\varepsilon^2\delta^2 + 2\gamma\mathrm{cov}(\pi,I) + \gamma^2\delta_I^2))$。

同时根据知识委托方效用函数的特性,其确定性等价收入 CE_r 为

$$CE_r = E(\lambda_r) - \frac{\rho_r D(\lambda_r)}{2}$$

$$= aK(1 - \varphi) - s - \frac{1}{2}b_r a^2 K^2 - \frac{1}{2}\rho_r(1 - \varphi)^2(\varepsilon^2\delta^2 + 2\gamma\mathrm{cov}(\pi,I) + \gamma^2\delta_I^2) \tag{4-45}$$

根据经济学原理,该确定性等价收入所对应的效用水平与不确定条件下期望收益的效用水平是相当的,知识委托方的期望收益最大化等价于追求确定性等价收入的最大化。

(2)知识代理方期望收益。与知识委托方期望收益同理,知识代理人的实际收入 λ_s 为知识共享收益减去知识共享成本,即

$$\lambda_s = w_s - C_s$$

$$= s + \varphi w_r - \frac{1}{2}b_r(aK)^2$$

$$= s + \varphi(aK + \varepsilon\theta + \gamma I) - \frac{1}{2}b_r(aK)^2 \tag{4-46}$$

则有,$\lambda_s \sim N(s + \varphi aK - \frac{1}{2}b_s a^2 K^2, \varphi^2(\varepsilon^2\delta^2 + 2\gamma\mathrm{cov}(\theta,I) + \gamma^2\delta_I^2))$。

根据知识代理方效用函数特性,其确定性等价收入 CE_s 为

$$CE_s = E(\lambda_s) - \frac{\rho_s D(\lambda_s)}{2}$$

$$= s + \varphi aK - \frac{1}{2}b_s a^2 K^2 - \frac{1}{2}\rho_s \left[\varphi^2 \left(\varepsilon^2 \delta^2 + 2\gamma \mathrm{cov}(\pi, I) + \gamma^2 \delta_I^2 \right) \right] \quad (4-47)$$

同理,该确定性等价收入所对应的效用水平与不确定条件下期望收益的效用水平是相当的,知识代理进行知识共享的期望收益最大化等价于追求确定性等价收入的最大化。

(3)知识共享模型。设知识代理方的最低保留收入为 w_0,知识委托方通过调高报酬支付率 φ,激励知识共享方产生更大的知识共享的意愿 a,以使知识委托方能够获取更多的知识,实现知识共享的最大化收益。即在满足知识代理方参加知识共享的约束与激励的基础上,使知识委托方的期望收益取得最大化。

由于知识代理人追求自身利益最大化,在委托人发出知识共享请求后,代理人则制定最优的知识共享水平以使自身收益最大化(即激励相容约束 IC);此外,知识代理人相应知识共享请求的前提要求是他的最低收益不能低于最低保留收入 w_0(即参与约束 IR),以保障知识共享活动的发生。因此,MCCA 内知识共享的委托代理模型可表示为

$$\max_{\varphi, \gamma} f_r = aK(1 - \varphi) - s - \frac{1}{2}b_r a^2 K^2 - \frac{1}{2}\rho_r (1 - \varphi)^2 \left(\varepsilon^2 \delta^2 + 2\gamma \mathrm{cov}(\pi, I) + \gamma^2 \delta_I^2 \right)$$

$$\mathrm{s.t.} \ (IC) \ \max_{a, \gamma} f_s = s + \varphi aK - \frac{1}{2}b_s a^2 K^2 - \frac{1}{2}\rho_s \left[\varphi^2 \left(\varepsilon^2 \delta^2 + 2\gamma \mathrm{cov}(\pi, I) + \gamma^2 \delta_I^2 \right) \right]$$

$$(IR) \ s + \varphi aK - \frac{1}{2}b_s a^2 K^2 - \frac{1}{2}\rho_s \left[\varphi^2 \left(\varepsilon^2 \delta^2 + 2\gamma \mathrm{cov}(\pi, I) + \gamma^2 \delta_I^2 \right) \right] \geqslant w_0$$

$$(4-48)$$

由于知识共享的委托代理双方均持规避风险的态度,则 $\rho_r > 0, \rho_s > 0$,下面对该模型进行求解。

求解式(4-48)中激励相容约束(IC)的一阶、二阶微分,则有

$$\frac{\partial f_s}{\partial a} = \varphi K - ab_s K^2 \quad (4-49)$$

$$\frac{\partial^2 f_s}{\partial a^2} = -b_s K^2 \quad (4-50)$$

由于 $\frac{\partial^2 f_s}{\partial a^2} = -b_s K^2 < 0$,因此当 $\frac{\partial f_s}{\partial a} = \varphi K - ab_s K^2 = 0$ 时,f_s 可取最大值,即

$$a = \frac{\varphi K}{b_s K^2} = \frac{\varphi}{b_s K} \quad (4-51)$$

在库恩-塔克(K-T)条件下,模型(4-48)中不等式 IR 的拉格朗日乘子不为0,则不等式 IR 的等号成立。即在最优条件下,知识共享的代理方愿意共享知识时,知识共享委托方没有必要支付更多的报酬。则模型(4-48)可变为

$$\max_{\varphi,\gamma} f_r = aK(1-\varphi) - s - \frac{1}{2}b_r a^2 K^2 - \frac{1}{2}\rho_r(1-\varphi)^2(\varepsilon^2\delta^2 + 2\gamma\mathrm{cov}(\pi,I) + \gamma^2\delta_I^2)$$

$$\mathrm{s.t.}\ (IC)\,a = \frac{\varphi}{b_s K}$$

$$(IR)\ s + \varphi aK - \frac{1}{2}b_s a^2 K^2 - \frac{1}{2}\rho_s[\varphi^2(\varepsilon^2\delta^2 + 2\gamma\mathrm{cov}(\pi,I) + \gamma^2\delta_I^2)] = w_0$$

$$(4-52)$$

将上式约束条件代入目标函数,叮得

$$\max_{\varphi,\gamma} f_r = aK(1-\varphi) - s - \frac{1}{2}b_r a^2 K^2 - \frac{1}{2}\rho_r(1-\varphi)^2(\varepsilon^2\delta^2 + 2\gamma\mathrm{cov}(\pi,I) + \gamma^2\delta_I^2)$$

$$= -s - aK\varphi + aK - \frac{1}{2}b_r a^2 K^2 - \frac{1}{2}\rho_r(1-\varphi)^2(\varepsilon^2\delta^2 + 2\gamma\mathrm{cov}(\pi,I) + \gamma^2\delta_I^2)$$

$$= -w_0 - \frac{1}{2}b_s a^2 K^2 - \frac{1}{2}\rho_s[\varphi^2(\varepsilon^2\delta^2 + 2\gamma\mathrm{cov}(\pi,I) + \gamma^2\delta_I^2)] +$$

$$aK - \frac{1}{2}b_r a^2 K^2 - \frac{1}{2}\rho_r(1-\varphi)^2(\varepsilon^2\delta^2 + 2\gamma\mathrm{cov}(\theta,I) + \gamma^2\delta_I^2)$$

$$= \frac{\varphi}{b_s} - \frac{\varphi^2}{2b_s} - \frac{b_r\varphi^2}{2b_s^2} - \frac{1}{2}[\rho_s\varphi^2 + \rho_r(1-\varphi)^2][\varepsilon^2\delta^2 + 2\gamma\mathrm{cov}(\pi,I) + \gamma^2\delta_I^2]$$

$$- w_0$$

上式对 φ,γ 进行一阶、二阶微分可得

$$\frac{\partial f_r}{\partial \varphi} = (b_s - b_s\varphi - b_r\varphi)\frac{1}{b_s^2} - [\rho_s\varphi - \rho_r(1-\varphi)][\varepsilon^2\delta^2 + 2\gamma\mathrm{cov}(\pi,I) + \gamma^2\delta_I^2]$$

$$(4-53)$$

$$\frac{\partial f_r}{\partial \gamma} = -\frac{1}{2}[\rho_s\varphi^2 + \rho_r(1-\varphi)^2][2\mathrm{cov}(\pi,I) + 2\gamma\delta_I^2] \qquad (4-54)$$

$$\frac{\partial^2 f_r}{\partial \varphi^2} = -(b_s + b_r)\frac{1}{b_s^2} - (\rho_s + \rho_r)(\varepsilon^2\delta^2 + 2\gamma\mathrm{cov}(\pi,I) + \gamma^2\delta_I^2) \qquad (4-55)$$

$$\frac{\partial^2 f_r}{\partial \gamma^2} = -[\rho_s\varphi^2 + \rho_r(1-\varphi)^2]\delta_I^2 \qquad (4-56)$$

因为 $\frac{\partial^2 f_r}{\partial \varphi^2} < 0, \frac{\partial^2 f_r}{\partial \varphi^2} \leqslant 0$,所以目标函数取极大值的条件为 $\frac{\partial f_r}{\partial \varphi} = 0, \frac{\partial f_r}{\partial \gamma} = 0$,则有

$$\varphi = \frac{b_s + \rho_r b_s^2(\varepsilon^2\delta^2 + 2\gamma\mathrm{cov}(\pi,I) + \gamma^2\delta_I^2)}{b_r + b_s + b_s^2(\rho_r + \rho_s)(\varepsilon^2\delta^2 + 2\gamma\mathrm{cov}(\pi,I) + \gamma^2\delta_I^2)} \qquad (4-57)$$

$$\gamma = -\frac{\mathrm{cov}(\theta,I)}{\delta_I^2} \qquad (4-58)$$

将式(4-57)代入式(4-51)中,可得

$$a = \frac{\varphi}{b_s K} = \frac{1}{b_s K} \cdot \frac{b_s + \rho_r b_s^2 (\varepsilon^2 \delta^2 + 2\gamma \text{cov}(\pi, I) + \gamma^2 \delta_I^2)}{b_r + b_s + b_s^2 (\rho_r + \rho_s)(\varepsilon^2 \delta^2 + 2\gamma \text{cov}(\pi, I) + \gamma^2 \delta_I^2)}$$

$$= \frac{1}{K} \cdot \frac{1 + \rho_r b_s (\varepsilon^2 \delta^2 + 2\gamma \text{cov}(\pi, I) + \gamma^2 \delta_I^2)}{b_r + b_s + b_s^2 (\rho_r + \rho_s)(\varepsilon^2 \delta^2 + 2\gamma \text{cov}(\pi, I) + \gamma^2 \delta_I^2)} \quad (4-59)$$

可将上面三式代入 f_r 中得到其确切的表达式。

3. 模型的结果分析

在 MCCA 内知识共享的委托代理模型,本书加入了知识共享环境的可观测变量 I,下面对知识共享委托人报酬支付率 φ,知识共享代理人的共享意愿 a,以及共享环境影响因子 γ 进行分析:

(1)当知识共享主体(代理人)的知识共享成本 b_s 越大,共享委托人报酬支付率 φ 越高 $\left(\frac{\partial \varphi}{\partial b_s} > 0\right)$,知识共享代理人的共享意愿 a 越小 $\left(\frac{\partial a}{\partial b_s} < 0\right)$。

(2)当知识需求主体(委托人)的知识学习与吸收成本 b_r 越高时,共享委托人报酬支付率 φ 越低 $\left(\frac{\partial \varphi}{\partial b_r} < 0\right)$,知识共享代理人的共享意愿 a 越小 $\left(\frac{\partial a}{\partial b_s} > 0\right)$。

(3)当 $b_r \rho_r - b_s \rho_s > 0$ 时,即知识共享需求主体(委托人)越是规避风险,共享委托人报酬支付率 φ 越高 $\left(\frac{\partial \varphi}{\partial \delta} > 0, \frac{\partial \varphi}{\partial \varepsilon} > 0\right)$,知识共享主体(代理人)的共享意愿 a 越大 $\left(\frac{\partial a}{\partial \delta} > 0, \frac{\partial a}{\partial \varepsilon} > 0\right)$。

(4)当 $b_r \rho_r - b_s \rho_s < 0$ 时,即知识共享代理人越是规避风险,代理人愿意承担知识共享的风险越小,共享委托人报酬支付率 φ 越低 $\left(\frac{\partial \varphi}{\partial \delta} < 0, \frac{\partial \varphi}{\partial \varepsilon} < 0\right)$,知识共享主体(代理人)的共享意愿 a 越小 $\left(\frac{\partial a}{\partial \delta} < 0, \frac{\partial a}{\partial \varepsilon} < 0\right)$。

(5)模型假设可知,MCCA 内知识共享环境由于共享活动的产生,提高知识共享委托方的收益,即 $\text{cov}(\pi, I) > 0$,则由式(5-15)可知,$\gamma < 0$。若 $I > 0$,表示 MCCA 为共享活动提供了有利的共享环境,代入式(5-1)中,可以发现知识共享委托方收益减少,但此时共享环境的能力较强,共享过程中的不确定因素也相应减少,此时知识委托方的收益的增加并不完全来自于代理方共享意愿的增加,而是知识的快速、准确、保真的传递。因此,在 MCCA 知识共享环境的约束与管理下,可通过减少知识共享代理方的收益来激励知识共享代理方的共享行为。若 $I < 0$ 时,表示 MCCA 为知识共享提供的环境或协调能力较差,其共享过程中的不确定性增大,此时委托方收益的减少并不完全来自于代理方积极性的降低,而是知识共享过程中的损失与阻碍,此时针对代理人的风险规避策

略,适当增加代理方的收益,以激励其共享意愿。

MCCA 内各主体间知识共享的委托代理过程,实现了知识在主体间的转移,通过相互沟通及组织间学习而产生的知识共享行为,弥补了 MCCA 内的知识缺口,从而提升了联盟整体知识水平。

4.4 本 章 小 结

本章构建以移动云计算联盟知识推荐、转移及共享为核心的移动云计算联盟知识利用机制。在对知识推荐内涵和过程分析的基础上,构建基于灰色关联度聚类和标签重叠的协同过滤知识推送模型;深入分析了移动云计算联盟知识转移机理与过程;构建了移动云计算联盟知识共享的委托代理模型。通过知识的推荐、转移与共享,充分实现了移动云计算联盟知识的有效利用,使知识的价值得以体现。

第5章 移动云计算联盟知识创新机制

5.1 移动云计算联盟知识创新动因分析

5.1.1 知识创新影响因素分析

MCCA 知识创新能力的提高受到内部、外部众多有形及无形因素的制约,由于知识创新影响因素相互影响、相互作用会形成具有特定功能的有机整体,不仅需要一定的社会、政治和经济环境的支持,还需要 MCCA 经济能力、管理能力、技术能力等各方面的支持。

5.1.1.1 动力因素

(1)科技发展水平。移动云计算联盟进行创新、促进其移动云计算技术发展的基础是科技发展水平,任何组织均是在已有的科技环境中获取所需的资源的。一方面使得外部信息刺激知识创新构思的产生,另一方面引发领导层、技术守门人、技术开发人员、销售人员等知识创新人员的创造性思维,推动知识创新的发展。

(2)市场需求变化。市场需求的变化能提高知识创新的动力,只有在知识创新成果能够转变为被市场接受的软件产品或服务的情况下,MCCA 知识创新才存在实际价值,同时,它还会影响其知识创新的方向和方式。此外,市场需求的变化还会给 MCCA 带来压力,市场需求转向,原有的资源竞争力将随之丧失,倘若 MCCA 不能及时将知识创新根据市场需求转向,将难以继续生存。

(3)政府政策与法律制度的保护。完善的政策与制度是 MCCA 进行知识创新的有力保障,这里主要是指知识产权制度。知识产权制度是 MCCA 知识创新的重要法律保护手段之一,离开了知识产权制度,资源的创新者在复制、仿冒与仿造的打击下就会失去动力。

(4)中介组织的支持。中介组织指 MCCA 内的风险投资公司、行业协会及其他辅助支持、咨询组织。一方面,MCCA 知识创新能力的提高不可能仅仅依靠 MCCA 内的企业内部研发,还需要来自金融机构、咨询公司等的支持;另一方面,中介组织的支持也是一种筹措资金的渠道,向知识创新提供风险性贷款。

(5)移动云计算产业核心企业的积极参与。移动云计算产业核心企业是 MCCA 知识创新的主要力量,受到市场利益的驱动,移动云计算产业核心企业根据市场对新产品或新服务的需求,促进知识创新构思的产生。在现有科技发展水平及市场需求的条件下,通过与高校、科研机构以及中介组织的合作,不断发掘新资源去满足新的需求。

(6)知识创新的潜在利益。MCCA 知识创新的利益驱动力是其存在的潜在利益。MCCA 知识创新存在着高收益与高风险,因此,在知识创新之前,必然会对知识创新活动的净收益进行预测,同时也会对知识创新活动的风险和自身的知识创新能力进行评估,如果在预期的时期内能够取得较高的预期收益,又因风险适度、自身知识创新能力较强从而有较大的成功概率,这样才会对知识创新有较大的激励作用。

(7)财力资源。财力资源主要来源于 MCCA 自有资金、政府的扶持以及相关中介组织的融资支持等。MCCA 知识创新具有高风险、高收益的特性,相应地也要求 MCCA 将较多的资金投入到知识创新中去,且需要多个成员、部门的密切配合,涉及众多人员的参与,必然需要投入巨大的人力、物力和财力资源,这一动态过程如果没有充足的财力资源作后盾将无法进行下去。

(8)人力资源。MCCA 是高知识高技术的智力型组织,人才是 MCCA 知识创新一个重要的影响因素,人才的知识创新和创造能力是一种特殊资源。对 MCCA 来说,资源生产力的高低归根到底将取决于成员的知识潜力、知识结构以及由此而产生的知识创新能力。MCCA 的知识创新不仅取决于 MCCA 内部少数的研究开发人员,也是整个 MCCA 所有成员的一项共同任务。

5.1.1.2　阻力因素

知识创新也受到诸多障碍因素的影响,主要包括移动云计算科技成果转化速度缓慢、知识扩散及整合障碍以及知识创新本身具有的不确定性及风险性等。在 MCCA 中,知识创新不是轻而易举就能实现的,它存在着诸多障碍因素。

1. 知识创新风险

知识创新具有不确定性的特征,它存在于知识创新过程的每一个环节,对每一项知识创新决策均有着举足轻重的影响。这一不确定性主要表现在市场的不确定性和技术的不确定性,意味着知识创新带有较大的风险性,其知识创新的结果也呈现随机性。所以高风险性可能使知识创新的投入难以得到回报,从而阻碍了知识创新的发展。

2. 知识扩散及整合障碍

对于 MCCA 来说,资源扩散及整合是知识创新的首要条件。在 MCCA 中,阻碍资源

扩散和整合的障碍因素主要包括以下几方面:

(1)组织结构的不合理。组织结构即 MCCA 内各成员的空间位置、排列次序、聚散状态、联系方式,以及各成员之间相互关系的体系或模式。MCCA 的组织结构直接影响其知识创新的效率,MCCA 难以形成具有充分的柔性、适应性和敏捷性的扁平化组织结构,不利于创新资源的传播,既阻碍了知识创新的进行,又不能有效地激励和保护 MC-CA 成员的创造性和创新精神,不利于 MCCA 对创新机会的把握。

(2)合作与沟通的不顺畅。在知识创新的过程中,MCCA 大多数成员持有一种"资源私有"的观念,认为资源是一种排他的、私有的财富和资源,只有占有了资源,才能在竞争中处于优势地位,才能获得和保持自身的利益。这样的价值排他观念,阻碍了 MC-CA 内部成员之间、成员内部的合作与沟通,限制了资源的扩散和整合,必然会阻碍知识创新的实现。

3. 科技成果转化速度缓慢

造成科技成果转化速度缓慢的主要原因,一方面是科技成果的研发缺乏针对性、实用性和适用性;另一方面是科研投入不足,据测算我国科技成果转化资金仍存在 85% 的缺口。这必然制约了科技成果的转化速度,如果在这些方面力量薄弱,将无法给予知识创新科学技术方面的支持,从而给知识创新造成障碍。

4. 收集、利用信息能力不足

MCCA 进行知识创新需要在错综复杂的市场变化中发现新的市场机会和潜在需求,这需要具有相当的市场分析、判断能力,需要良好的取得信息和处理信息的能力,目前,MCCA 在利用信息和把握时机方面存在着相当程度的障碍,MCCA 就难以从相关信息中预见市场变化,阻碍了知识创新构思的形成,知识创新无法顺利进行,许多市场机会就会与 MCCA 失之交臂。

5.1.2 知识创新的因果关系图

MCCA 知识创新可由知识创新构思、知识创新实现、知识创新收益等环节进行分析,各个阶段既相互区别又相互联系和促进。通过分析 MCCA 知识创新动力及阻力因素,在知识创新构思阶段中知识创新构思动力和意识直接增加了创新构思的数量。同时,市场因素、风险因素对 MCCA 知识创新构思的形成具有副作用。在知识创新实现阶段中,知识创新实现数量的多少主要受到构思数量、创新构思实现率和创新构思失败率的影响。高校科研机构对知识创新的支持力度、人员素质、R&D 投入影响着知识创新构思实现率;反之,资源扩散整合障碍、研发风险、科技成果转化缓慢共同影响着创新失败率。在 MCCA 知识创新收益阶段中,知识创新成果数量越多,所带来的知识创新收益也越多。MCCA 知识创新正是在这种正、负反馈的作用下运行和发展的。本书应用系统动力学的方法描述其知识创新各影响因素之间的因果关系图,如图 5 - 1 所示。

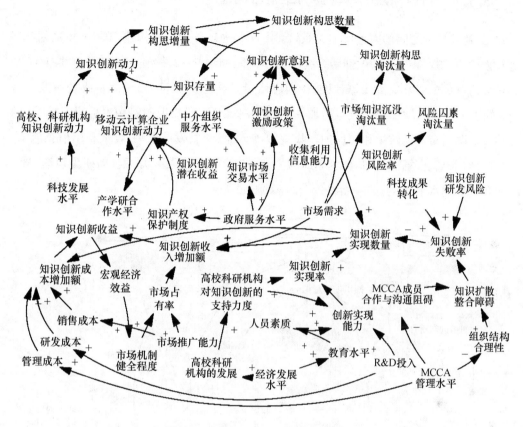

图 5 - 1　MCCA 知识创新因果关系图

图 5 - 1 中主要包含的反馈回路有:

知识创新构思数量→资源存量→知识创新动力→知识创新构思增量→知识创新构思数量。

知识创新构思数量→资源存量→产学研合作水平→移动云计算产业核心企业知识创新动力→知识创新动力→知识创新构思增量→知识创新构思数量。

知识创新收益→宏观经济效益→市场机制健全程度→市场占有率→知识创新收入增加额→知识创新收益。

知识创新构思数量→资源存量→产学研合作水平→移动云计算产业核心企业知识创新动力→知识创新动力→知识创新构思增量→风险因素淘汰量→知识创新构思淘汰量→知识创新构思数量。

知识创新构思数量→资源存量→产学研合作水平→移动云计算产业核心企业知识创新动力→知识创新动力→知识创新构思增量→市场因素淘汰量→知识创新构思淘汰

量→知识创新构思数量。

5.1.3　知识创新的系统动力学模型构建

明确各要素之间的因果反馈关系,运用 Vensim 软件进一步构建 MCCA 知识创新系统动力学流图。MCCA 知识创新系统动力学流图如图 5-2 所示。该流图中共有 47 个变量,其中 6 个速率变量,即知识创新构思增量及构思淘汰量、知识创新成功率及失败率、知识创新收入增加额及成本增加额;4 个水平变量,即知识创新构思数量、知识资源存量、知识创新实现数量和知识创新收益;9 个常量,科技发展水平、收集利用信息能力、政府服务水平、市场需求、知识创新风险率、科技成果转化缓慢、知识创新研发风险、MC-CA 知识管理水平、市场推广能力;18 个辅助变量。

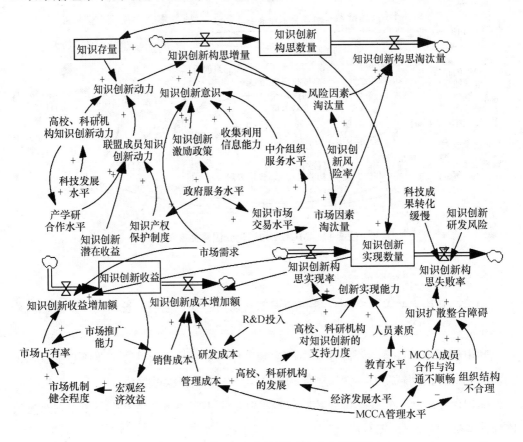

图 5-2　MCCA 知识创新系统动力学流图

MCCA 知识创新系统动力学流图中相关变量的计算公式如下:

知识创新构思数量 = INTEG(知识创新构思增量 - 知识创新构思淘汰量,0)

资源存量 = INTEG(知识创新构思数量 × 0.4,100)

知识创新实现数量 = INTEG(知识创新构思数量 ×

（知识创新构思实现率 − 知识创新构思失败率），0)

知识创新收益 = INTEG(知识创新收入增加额 − 知识创新成本增加额，0)

知识创新构思淘汰量 = INTEG(市场因素淘汰量 + 风险因素淘汰量，0)

知识创新构思增量 = 知识创新动力 × 权重 + 知识创新意识 × 权重

知识创新构思失败率 = 科技成果转化缓慢 × 权重 + 知识创新研发风险 ×

权重 + 资源扩散整合障碍 × 权重

知识创新收入增加额 =（市场占有率 × 权重 + 市场需求 × 权重）× 知识创新实现数量

知识创新成本增加额 =（研发成本 + 管理成本）× 知识创新实现数量 + 销售成本

知识创新动力 = 高校、科研机构知识创新动力 × 权重 +

移动云计算产业核心企业知识创新动力 × 权重 + 资源存量 × 权重

知识创新意识 = 知识创新激励政策 × 权重 + 中介组织服务水平 × 权重 +

收集利用信息能力 × 权重 + 市场需求 × 权重

风险因素淘汰量 = 知识创新风险率 × 知识创新构思增量

市场因素淘汰量 = 知识创新构思增量 ×（1 − 市场需求）

移动云计算产业核心企业知识创新动力 = 产学研合作水平 × 权重 +

知识创新潜在收益 × 权重 +

知识产权保护制度 × 权重

创新实现能力 = "R&D 投入" × 权重 + 人员素质 × 权重 +

高校科研机构对知识创新的支持力度 × 权重

资源扩散整合障碍 = MCCA 成员合作与沟通不顺畅 × 权重 + 组织结构不合理 × 权重

市场占有率 = 市场推广能力 × 权重 + 市场机制健全程度 × 权重

5.1.4 知识创新系统动力学模型仿真与结果分析

1. 初值选取和参数设置

模型采用 VensimPLE 软件环境构建并仿真，假设每年完成一次知识创新循环，模型的仿真时间为 6 年，水平变量资源存量、知识创新构思数量、知识创新实现数量、知识创新收益初始值分别设置为 100，0，0，0；常量科技发展水平 0.5，政府服务水平 0.6，收集利用信息水平 0.2，知识创新风险率 0.2，市场需求 0.6，科技成果转化缓慢 0.1，知识创新研发风险 0.2，MCCA 管理水平 0.6，市场推广力 0.7。

资源存量、高校科研机构知识创新动力、联盟核心企业知识创新动力影响知识创新动力的权重设置为 0.3，0.3，0.4；知识创新动力和知识创新意识影响知识创新构思增量的权重均设置为 0.5;风险因素淘汰量和市场因素淘汰量影响知识创新构思淘汰量的权重均设为 0.5;知识创新激励政策、中介组织服务水平、收集利用信息能力和市场需求影响知识创新意识的权重设为 0.3,0.2,0.2,0.3;"R&D 投入"、人员素质、高校科研机构对知识创新的支持力度影响知识创新实现能力的权重设置为 0.4,0.3,0.3;MCCA 成员合作与沟通不顺畅和组织结构不合理设为 0.5;影响资源扩散整合障碍的权重设为 0.5;市场占有率和市场机制健全程度影响市场推广能力的权重均设置为 0.5。

2. 仿真及结果分析

根据设定的初值参数,可进行 MCCA 知识创新的仿真实验,结果如图 5 - 3 所示。

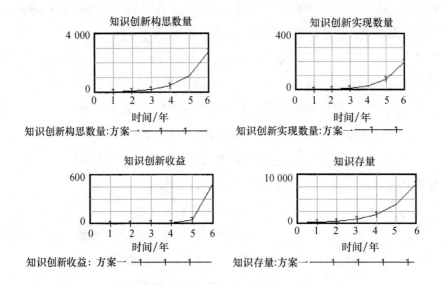

图 5 - 3　MCCA 知识创新的仿真实验结果

从图 5 - 3 的仿真结果可以得出以下结论:知识创新构思数量、知识创新实现数量、知识创新收益和资源存量都是呈不断递增,且增速有逐渐加快的趋势,而实际中的 MC-CA 知识创新活动也呈现了这种规律。因为在 MCCA 组建初期,知识创新在起步阶段,知识创新能力较弱,随着 MCCA 的发展,MCCA 知识存量不断上升,知识创新能力不断增加,带动知识创新实现数量及知识创新收益的增加,进一步带动了知识创新的快速增长。该模型能够真实描述知识创新活动,因此也能从该模型中得出比较有参考价值的信息。

3. 灵敏度分析

灵敏度分析指通过改变模型中的相关参数或者模型结构,模型运行结果与原模型进行对比,得出相关参数和结构改变对模型的影响程度,为实际工作提供理论依据和决策支持。本书对 9 个常量进行灵敏度分析,科技发展水平、收集利用信息能力、政府服务水平、市场需求、知识创新风险率、科技成果转化缓慢、知识创新研发风险、R&D 投入、MCCA 知识管理水平、市场推广能力的值分别为(0.5,0.2,0.6,0.6,0.2,0.1,0.2,0.5,0.6),得到方案一,将 9 个常量的值分别从原有的值递归加 0.1 得到方案二到方案五,以知识创新收益为衡量标准,得到知识创新风险、R&D 投入、政府服务水平、MCCA 管理水平灵敏性较高,结果如图 5 - 4 所示。

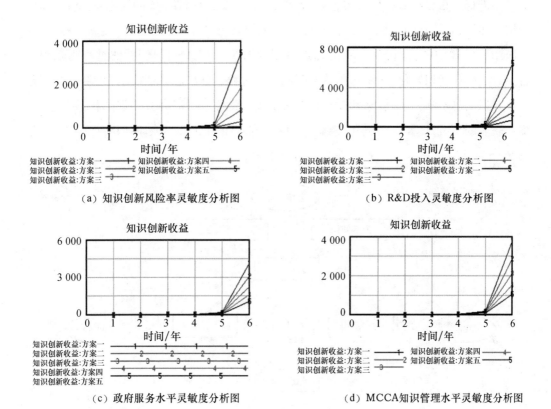

图 5 - 4　知识创新收益的灵敏度分析

这四个因素的改变对 MCCA 知识创新影响较大,所以 MCCA 应着力提高政府服务水平和管理水平,增加创新的 R&D 投入,控制知识创新风险,以促进 MCCA 知识创新。

通过分析 MCCA 知识创新的影响因素,构建了系统动力学模型,运用 VensimPLE 软件实现了系统仿真和主要参数的灵敏度分析,从仿真结果可以看到,MCCA 知识创新模型同现实中 MCCA 知识创新过程拟合较好,表明了 MCCA 知识创新基本的特征和规律,可为 MCCA 知识创新及更好地利用资源提供理论依据,同时也为 MCCA 知识创新的研究提供一个可行而科学的方法。

5.2 移动云计算联盟知识创新框架设计

MCCA 实现知识创新的路径之一就是构建联盟的知识网络以及知识创新环境。知识网络和环境一方面为联盟知识创新提供所需的知识源,另一方面保证联盟知识创新的循环进行。在移动云计算联盟企业、大学、政府、中间组织四者的相互作用下,不断地吸纳新知识,激发新旧知识的碰撞,产生新知识的火花,从而促进知识的创新,并把新知识应用到实践中去,进行新一轮的知识碰撞。因此,MCCA 知识创新的过程为知识整合、知识利用、知识转化、知识应用等不断循环的过程,可以说 MCCA 知识创新的过程是一个知识信息不断积累、更新和循环的过程,每一次的更新都会有知识的扩散和应用,促进联盟的发展,提高联盟的可持续发展能力和竞争力,MCCA 知识创新框架设计,如图 5 – 5 所示。

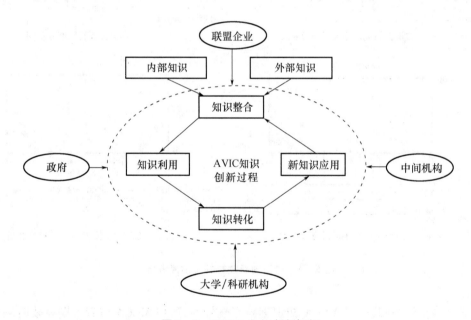

图 5 – 5 MCCA 知识创新框架

知识整合是 MCCA 知识创新的初始阶段,决定着 MCCA 知识创新的结果。知识获取有两个途径,一是从联盟内部获取整合,二是从联盟外部获取整合。通过知识整合,MCCA 才能积累各种显性知识和隐性知识,提供知识创新的基础,通过基于本体的知识识别,使杂乱无章的知识变为有序的知识,使得整理过后的知识成为一个有机的整体。

知识利用是在整合的基础上,联盟成员获取所需知识的具体方式,通过知识的转移与共享,实现知识在联盟内的流动,增加联盟知识存量,加速联盟知识流量,提高联盟竞争实力。同时,知识利用也是知识创新的主要活动,通过转移与共享,联盟成员碰撞出新的知识火花,为知识转化提供素材。

知识转化是知识创新的核心阶段,是知识从量变到质变的阶段,也是创新的实现阶段,具有非常重要的作用。经过转化的知识才能成为新的知识,被联盟所应用,联盟的知识经过内部化应用,整理和吸收转为外部知识,从而提高整个联盟知识的存量,改善联盟的知识创新环境,提高联盟知识创新的效率。

知识应用是将转化过来的新知识重新应用到联盟中去,同时也是新一轮知识扩散的过程,新知识的应用能够提高联盟的生产率,促进联盟内部的知识创新,进而提高联盟的竞争力。

5.3　移动云计算联盟知识创新过程

5.3.1　基于 SECI 的知识创新过程

5.3.1.1　知识创新 SECI 模型

SECI 知识模型是由日本学者野中郁次郎于 1989 年首次提出的,他认为企业的隐性知识和显性知识可以相互转化,实现知识的扩散和再创造,即企业知识的转化是由社会化、外部化、组合化、内部化四个阶段组成,企业内部的知识经历这四个过程最终实现知识的升华,促进企业知识的扩散和创新。该知识模型如图 5 - 6 所示,在这四个过程中,企业内部的隐性知识和显性知识相互转化,相互作用。社会化是指企业内部隐性知识之间的转化,例如某些专利技术在企业内部的转化,企业成员特有的隐性知识转化为企业的文化知识等的过程;外部化是指企业内部的隐性知识通过某种渠道以文字、图像、视频等方式传播出去,将企业潜在的知识挖掘出来,实现知识的增值;组合化是指将显性知识进行系统化的整理,建立新的知识结构体系替代原有的知识结构体系;内部化是指经过组合化的显性知识又转化为企业内部的隐性知识,组织成员通过对新的显性知识进行学习,转化为自己的隐性知识,进行下一轮的转化,实现企业知识的创新。该模型建立在个人知识层面和企业知识层面两个维度,同时也是个人知识和企业知识相互影响、相互转化的知识创新过程。

SECI 模型深刻揭示了企业知识转化的过程,体现了企业知识增值的内在规律和知识创新的本质,个人的隐性知识经过一次知识的转化又转化为企业的知识,然后又转化为个人的隐性知识,完成一轮知识转化,进入下一轮的知识转化,即新的螺旋知识运动。

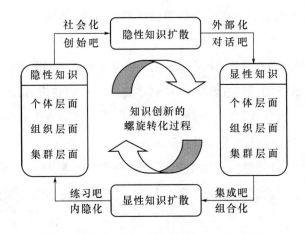

图 5 – 6　SECI 模型

在产业联盟中,知识是在不断的转化和进阶中的,螺旋知识运动是反复进行的,体现联盟知识的动态演化,促进联盟知识的转化和创新,为联盟注入新的活力。

5.3.1.2　知识创新的螺旋转化 SECIs 模型

上述 MCCA 知识螺旋转化的过程框架实现了联盟中知识的非线性与螺旋式上升发展。同时,这一知识螺旋转化过程在 MCCA 知识整合、利用过程同样存在,并在 MCCA 各知识活动环节形成隐性知识与显性知识螺旋上升的知识转化过程,是多个 SECI 知识螺旋转化过程的叠加,本书构建了 MCCA 知识创新的螺旋转化 SECIs 模型,其中知识创新的螺旋转化过程在各知识活动环节形成多个"隐性——显性——隐性"的知识创新转化螺纹,实现知识由低级向高级的转化、融合、发酵及创新,其具体运行过程如图 5 – 7所示。

从 MCCA 知识活动环节间知识创新过程可以看出,MCCA 知识活动环节间的知识创新呈现出如下特征。

(1)多维创新。MCCA 内知识创新的转化过程是多层面、多主体共同参与实现的,即各层面知识活动内存在的知识创新螺旋转化过程,在知识活动各层面间同样存在。参与知识螺旋转化的主体不仅包括个人之间、移动云计算企业之间,还包括移动云计算企业与政府、科研院所、中介服务机构之间的知识关联。MCCA 知识活动环节间知识创新的螺旋转化模式体现出联盟知识活动环节间的知识创新活动的复杂性与多样性。

(2)竞合上升。从 MCCA 知识创新过程看,各知识主体间的竞争是促进知识流动的主要动力,而基于信任的合作是促进知识整合与知识转化的基础。在知识创新螺旋转化过程中,竞争的市场环境促进知识主体不断地进行市场观察、模仿及实践研发,持续

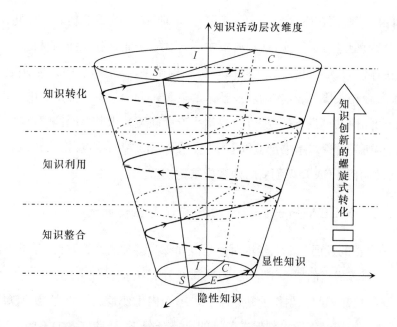

图 5 - 7　MCCA 知识活动环节间知识创新螺旋转化 SECIs 模型

从其他主体获取新知识与技术并不断内化,同时根据自身经验进行深入理解与修正,这样使得各知识活动环节内的知识螺旋得以持续运行。同时,在互信氛围下,各层次知识主体对知识进行转化,形成产业技术标准、解决方案等高层次的知识,并被联盟其他成员采纳,成为知识活动环节间的知识螺旋得以上升的推力。

(3)协同增值。在 MCCA 知识活动环节间知识创新螺旋转化过程中,多知识主体共同参与知识创新活动,使知识进行深入整合与创新从而产生协同效应,最终实现知识的资本转化与增值,进而提升联盟整体竞争实力与优势。

5.3.2　基于产学研的知识创新过程

2002 年,美国社会学家 Etzkowitz 教授和荷兰的 Leydesdorfd 借助生物学领域中的环境、组织和基因对生物影响的三螺旋结构模型,构建出基于大学、企业和政府为主的三螺旋结构模型,即知识对三者的影响和在三者之间的流动,即著名的产学研模型,该模型解释了知识在大学、企业、政府之间的关系,以及三者在知识创新中的作用和地位,只有三者完美的合作才能够推动知识的有效转移和转化,实现知识的螺旋上升,促进价值的创造。因此,该模型为研究知识创新和管理提供了新的发展视角,并被应用于众多领域。

随着网络经济的发展,虚拟组织的出现,引起中间服务机构的兴起,并且其发挥着越来越重要的作用,甚至成为组织的核心部分。有研究把中间服务机构同产学研相结合,认为中间服务机构在产学研中发挥着沟通、培训、融资等重要功能。因此,学者杨敬华等对三螺旋模型进行了补充,认为科技中介、大学、企业、政府在农业科技园区的发展中,发挥着主体作用,形成相互交叉的四螺旋结构模型,其中科技中介为其他三者提供专业化以及其他相关服务,在推动农业技术的创新过程中具有非常重要的作用;金潇明对产业联盟的知识共享进行研究之后,提出了产业联盟知识共享的四螺旋结构模型,丰富了产业联盟研究理论。本书借鉴以上研究,结合 MCCA 的特点,拓展知识创新的三螺旋结构模型,提出 MCCA 知识创新的四螺旋结构模型。

5.3.2.1 MCCA 知识创新的四螺旋模型驱动因素

(1)知识经济的发展。知识经济时代是以知识为基础的经济时代,源于美国经济学家罗默和卢卡斯等提出的新经济增长理论,该理论认为世界经济的增长主要依赖于知识的力量,罗默把知识的积累作为知识增长的一个内生变量进行研究,认为知识积累推动经济的增长。知识经济的发展促进劳动的进一步分工,推动技术的不断创新,为社会的发展提供了新的活力,更是催动 MCCA 知识创新的直接力量。创新是 MCCA 的灵魂,是 MCCA 优胜于其他产业联盟的关键,因此,知识经济的发展促进知识在大学、移动云计算联盟企业、政府、中介结构之间进行传播、共享、学习和创新,形成知识的螺旋上升,加快 MCCA 中知识创新的步伐。

(2)移动云计算技术发展的需要。随着移动云计算技术发展的迅速加快,使其产品的生命周期加速缩短,研发新产品、新技术、新模式成为移动云计算企业追求的目标,另一方面,剧烈变化的市场环境,增大了企业创新的风险,因此,移动云计算企业需要不断学习新的知识,来满足未来发展的需要。四螺旋知识创新模型有利于促进 MCCA 中移动云计算及关联企业知识的交流和传播,降低知识的获取成本,成为知识创新的主要动力。MCCA 中,移动云计算及关联企业在空间上的聚焦,建立联盟信息网络,使得企业间能够进行深层次交流,联盟内的大学、政府等机构分别为移动云计算发展提供必需的科研信息和政策支持,促进信息知识的传播和共享,实现知识的创新和技术的进步,提升联盟的竞争力,满足移动云计算发展的需要。

(3)新兴移动网络技术的驱动。网络技术泛指网络通信和计算机技术,新兴高速移动互联网技术的发展促进 MCCA 的成立,同时有利于联盟中知识的交流和传播,引起联盟中知识的螺旋型创新,联盟的知识创新离不开网络技术的支持,网络技术为联盟知识的传播提供了一定的平台。网络技术的发展,为联盟知识共享提供了基础设施和共享的渠道,大型数据库、搜索引擎、各类信息通道等网络工具为联盟的知识共享和创新提供了便利条件,提高信息知识在联盟中传播的效率,打破联盟知识创新的模式,促进联盟知识创新的效率。因此,新兴移动网络技术的发展,推动了 MCCA 知识创新的螺旋上升。

5.3.2.2　MCCA 知识创新的四螺旋模型构建

通过对前面螺旋结构的描述,以及 MCCA 知识创新四螺旋模型的驱动因素,本书认为 MCCA 的知识创新是一个不断螺旋上升的过程。本书提出的四螺旋结构模型的主体有大学/科研机构、政府、移动云计算相关组织、中间机构,在 MCCA 的知识创新中,四个主体的知识不断螺旋上升,如图 5 - 8 所示。

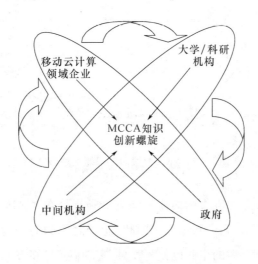

图 5 - 8　MCCA 知识创新的四螺旋模型

在 MCCA 知识创新的四螺旋模型中,存在着移动云计算相关企业的知识螺旋、大学/科研机构的知识螺旋、中间机构的知识螺旋、政府的知识螺旋等四个螺旋主体,各个主体之间通过知识的交流来实现 MCCA 知识的创新,能够有效提高 MCCA 知识利用的效率,提升 MCCA 的竞争力。其中,移动云计算领域企业是 MCCA 知识创新的重要主体,提供移动云计算技术知识,进行产品与服务的创新;大学/科研机构为 MCCA 知识创新提供后备资源,大学/科研机构一般进行知识的研发,创造出新的知识,供联盟参考和利用;政府的知识螺旋是指政府的指导性文件等,移动云计算的发展离不开政府的支持,因此,政府的知识在 MCCA 知识创新中起着至关重要的作用;而中间机构则是发起 MCCA 的主体之一,通过中间机构,明确 MCCA 知识创新的方向和路径。

从 MCCA 知识创新的层面上看,MCCA 知识创新的四螺旋模型包括横向和纵向两个层面,通过这两个层面的知识交流,加快知识创新的步伐。

(1)横向知识螺旋。MCCA 的横向知识创新是指处在同一层面的 MCCA 知识创新模型,例如,处在供应链一端的移动云计算相关企业在空间上聚焦,共同讨论移动云计算相关的最新成果,移动云计算相关的技术以及市场的最新行情,成员企业彼此之间的合作和竞争有效促进信息知识的交流,引发新知识的产生,提高企业的核心竞争力。如图5-9所示,处于MCCA中的企业进行同一层面的知识交流和创新,从而提高联盟的整体竞争力。

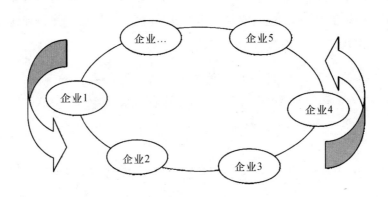

图5-9　MCCA横向知识螺旋过程模型

(2)纵向知识螺旋。MCCA的纵向知识创新是指处在MCCA价值链上下游的成员企业之间知识的共享和创新。知识经济时代,企业之间的竞争表现为企业所处价值链的竞争,整个价值链上下游的企业也紧密联系,实现供产销的流程式管理。处于价值链不同阶段的企业,文化背景各不相同,业务链也不同,各个企业之间的相互联系,促进知识在联盟内的流通,实现隐性知识和显性知识的系统转化和联盟知识的创新、应用等。基于知识的联盟企业在长期的合作中,形成一定的分工和默契,彼此之间建立合作伙伴关系,有助于联盟的知识创新与联盟的发展。如图5-10所示,处于MCCA价值链上下游的企业,通过不断地合作与交流,促进联盟知识的创新。

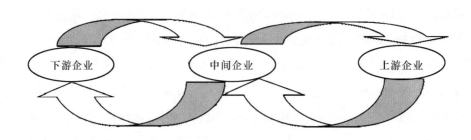

图5-10　MCCA纵向知识螺旋过程模型

5.4　基于知识发酵移动云计算联盟知识创新转化

5.4.1　知识转化内涵

知识转化是知识管理的重点之一,关于知识转化的定义主要有以下几种:一是知识在隐性知识和显性知识之间的相互转化,并产生新知识的过程;二是知识本身的转化,从旧知识转变为新知识,从无用的知识转变为有用的知识等,即知识出现异化的现象;三是知识在个体与组织之间的转化,最终成为组织的知识。

目前,还没有对 MCCA 知识转化进行研究,但是学者从不同的角度的知识转化进行了研究,主要有 Nonaka 提出的 SECI 模型、刘冀生等提出的知识链模型、Noha 等提出的认知地图模型、张红兵提出的知识发酵模型等。

关于产业联盟知识转化的研究主要有:李宏辉等分析了 Nonaka 提出的 SECI 模型,建立企业间联盟网络,分析了产业联盟内的知识转化过程;龙静以丰田产业联盟为背景分析其知识转化的网络机制;王凯利用 SECI 模型对产业联盟知识转化进行分析。

本书结合 MCCA 以及知识转化的内涵,定义 MCCA 知识转化是指与 MCCA 相关的农业生产知识、管理知识、技术知识等相关知识在一定的作用条件下,实现知识的质变,从而产生新的知识的过程。

5.4.2　基于知识发酵的知识转化要素分析

5.4.2.1　知识发酵内涵

组织知识本身具有原生性、遗传性、变异性等与生物进化的理论相似的特性,因此,可以用生物学的理论来解释知识的转化。和金生教授对知识发酵的定义为:创意(知识菌种)在酶(知识中介)的作用下,在一定的环境下,由知识母体(人和组织)融合组织内外各种知识进行发酵,产生新的知识。知识发酵的一般模型如图 5－11 所示。

该模型通过仿生学的角度解释知识创新以及知识管理的内在机理,丰富和完善了知识创新理论,为知识管理研究提供了一个全新的视角,拓宽了知识研究的思路。知识发酵模型可用于解释图书馆、工程项目团队、产业联盟等知识增长的内在机理等。

5.4.2.2　MCCA 知识转化的要素

在 MCCA 中,知识创新是推动 MCCA 发展的动力之一,在 MCCA 中实现知识的转化

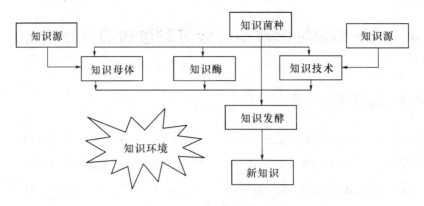

图 5 - 11　知识发酵模型

至关重要。MCCA 的知识发酵是指 MCCA 知识转化的一个过程,这个过程主要表现在个人的、组织的、联盟网络的知识发酵,发酵过程的主要要素如下:

(1)知识基因。知识基因是指 MCCA 每个成员个体所掌握的显性知识和隐性知识的集合,是知识发酵的根基,具有稳定性、统摄性、遗传性、变异性以及控制某一知识领域(学科、分支、专业、研究方向)发育走向的能力。

(2)知识菌种。知识菌种是指 MCCA 知识转化的知识战略。在 MCCA 的整个生命周期内,会有许多的创意、活动或是其他新思想的产生,在原有知识基因的基础上,经过决策者筛选,并对之进行补充,使之成为适合 MCCA 发展的知识战略,也就是知识菌种。

(3)知识菌株。菌株相对菌种来说,是一个品种的概念。类比生物学中菌株的概念,则 MCCA 的知识菌株就可以定义为以该 MCCA 的知识菌种为基础,由成员个体组成的知识战略体系。

(4)知识母体。知识母体是 MCCA 的知识在时间和空间上的动态聚焦,包括 MCCA 中的个体知识、组织知识等,既可以是显性知识也可以是隐性知识。它为 MCCA 知识发酵提供丰富的营养,决定新知识产生的种类和层次。

(5)知识酶。知识酶是指促进 MCCA 知识转化的相关因素,包括 MCCA 的发起人(中间经纪人、政府、核心企业)以及激励、协调的机制。发起人移动运营商作为 MCCA 的核心,具有一定的酶合性,即把不同空间、不同种类的知识及其载体集合起来,按照一定的法则,对知识及其载体进行催化,促使其进行转化,产生新的知识。

(6)知识工具。知识工具是指基于现代网络信息技术能够帮助 MCCA 获取知识并对知识进行整合,形成知识发酵所需的母体,最终对知识进行转化形成新知识的一系列知识技术的集合。主要包括网络技术、知识挖掘技术、知识地图、知识仓库等等。

(7)知识发酵吧。知识发酵吧可以是物质上的也可以是虚拟空间上的,或两者相结合形成。借鉴"吧"的概念,结合 MCCA 的特性,本书认为 MCCA 的知识发酵吧是指知识菌种、知识母体、知识酶进行发酵的一个虚拟空间。

(8)知识环境。知识环境是指 MCCA 知识发酵的内外部环境。内部环境包括 MCCA 的规模、规章制度、文化、技术水平、成员的知识水平、成员的信任机制等。外部环境包括宏观政策、社会政治、经济文化等 MCCA 外部的宏观环境。MCCA 的知识发酵必须建立在协调的内外部环境基础上,才能顺利进行。

(9)新知识。新知识是指经过知识发酵,产生的有利于 MCCA 发展的新知识、新战略,或是 MCCA 发展过程中出现问题的解决措施等。

5.4.3　知识转化模型及反应方程

5.4.3.1　基于知识发酵的 MCCA 知识转化模型

MCCA 的知识发酵模型可以分为个人、成员企业、联盟三个层面的知识发酵,三者相互联系,相互影响,本书重点介绍联盟层面的知识发酵。

MCCA 的知识发酵是指 MCCA 内外部环境发生变化,刺激联盟原有的知识基因,产生新的知识基因,新的知识基因经过联盟的核心企业层层筛选、规划后形成新的知识菌种(知识战略),该知识菌种经过联盟的信息网络到达成员个体,形成新的知识菌株,在知识母体(MCCA 知识的集合)、内部环境、外部环境和知识酶(中间机构)、知识工具(技术源)的共同作用下,知识菌株融合知识母体进行知识的转化活动,完成知识的创新,更新 MCCA 及其成员个体的知识结构与内容,进行知识的积累,再次进行新一轮的发酵。具体如图 5 - 12 所示,该发酵模型主要包括四个阶段。

(1)知识菌种(菌株)的形成。MCCA 在发展的过程中,会从联盟外部和内部汲取有关农业的各种知识,核心企业针对这些知识(知识基因)筛选出对 MCCA 有利的因素,制定出 MCCA 发展战略,即为成熟的知识菌种。而成员企业和个人在获取知识的过程中,围绕 MCCA 发展战略,熟化自身的知识,在知识网络中,形成知识菌株。

(2)知识母体与知识酶的结合。同生物发酵类似,知识发酵也需要知识营养基和知识酶的参与,知识母体来源于大量的知识源,从知识源中整合适宜的知识母体需要先进的知识工具的参与,而 MCCA 的中间机构充当知识酶的角色,利用知识工具对获取的知识进行整合,整合过后的知识母体内容更加充实,更加有利于知识发酵。

(3)虚拟发酵阶段。MCCA 是一个跨地域的复杂网络结构,需要信息共享平台的支撑,该信息共享平台可以充当虚拟发酵吧的角色。根据知识发酵酶,将知识母体、知识菌种(菌株)、知识工具融入发酵吧,进行知识学习、知识共享、知识转化、知识形成的发

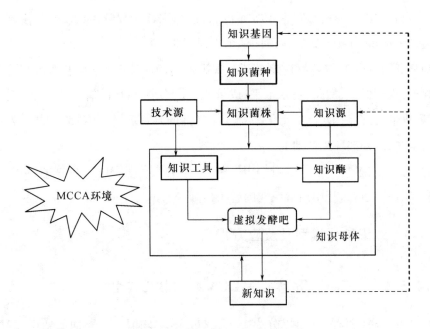

图 5 – 12　MCCA 知识发酵模型

酵。虚拟发酵阶段是 MCCA 知识发酵的核心阶段,也是知识质变的过程。

(4)新知识应用与反馈阶段。对于发酵产生的新知识,将其应用到实践中,检验与期望值是否有偏差,是否达到发酵的目的。若达到,则本次发酵完成,产生的新知识应用到实践中,否则,修正相关系数,再次进行发酵。

5.4.3.2　MCCA 知识发酵的反应方程

生物发酵以酶促反应为主。对于单一底物参与的简单酶催化反应,即酶与底物结合形成酶与底物络合物,进一步发生分解,形成酶和产物,其反应机理可表示为

$$E + S \underset{k_2}{\overset{k_1}{\rightleftharpoons}} E - S \overset{k_3}{\longrightarrow} E + P$$

式中,E 是生物酶;S 是反应底物;$E - S$ 是酶 – 底物化合物;P 是生物发酵代谢的产物;k 则是反应系数。

类比生物发酵的方程式,得出 MCCA 知识发酵的方程式为

$$Y + E + S \underset{k_2}{\overset{k_1}{\rightleftharpoons}} E - S - Y \overset{k_3}{\longrightarrow} E + P$$

式中,E 是知识酶的集合;Y 是知识菌种(菌株);$E - S - Y$ 是知识酶 – 知识母体的混合物;P 是知识发酵产生的新知识;k 则是反应系数。

与生物发酵不同的是,在 MCCA 知识发酵中,知识具有非损耗性、不可磨灭性的特

征,发酵产生的新知识是在 MCCA 知识母体及知识菌种(菌株)以及知识酶的共同作用下,消耗一定的时间形成的,具有时间价值。而 MCCA 知识酶在发酵的过程中也得到一定程度的进化,有利于下一次发酵的进行。

5.4.4　知识转化保障措施

1.建立 MCCA 激励机制

MCCA 知识发酵具有自发性、周期性、懒惰性等特点,从信息共享与知识管理的角度出发,新知识的增加只能不断地学习和创造。为了促使成员企业不断学习,需要建立有效的 MCCA 激励机制,实现联盟知识的共享与扩散,提高联盟的知识转化能力。知识激励机制的构建在于激发成员企业知识共享与创新的动机,联盟的核心企业需要采取有效的管理方法调动成员企业对知识发酵的积极性,制定公平的激励考核制度,侧重物质奖励和精神奖励相结合,建立多样化激励手段。此外,激励机制的建立需要遵循公平公正、差异化、外在激励与内在激励相结合、联盟目标和个体目标相结合的原则,促进成员个体共享和创新联盟知识,实现联盟知识的转化和创新。

2.建立 MCCA 技术创新体系

创新是联盟的灵魂,而技术在联盟的发展中也占据着非常重要的位置。而技术创新机制的建立就是在 MCCA 的技术与市场的需求之间寻求一个新的平衡点,需要健全的联盟制度体系的支持。MCCA 要对联盟的技术创新进行全方位部署,把握技术创新的方向,切实推进技术创新的步伐,建立良好的企业文化氛围。通过技术创新机制的建立,实现 MCCA 技术知识的创新,为 MCCA 的知识转化奠定基础。

5.5　本章小结

本章首先对知识创新过程进行分析,从 SECI 与产学研两种视角分析移动云计算联盟知识创新过程。在此基础上,利用知识发酵理念,分析知识转化内涵与要素,构建 MCCA 知识转化模型,提出了知识转化的保障措施。

第6章　移动云计算联盟知识管理效果的评价

6.1　移动云计算联盟知识管理效果评价指标的筛选

6.1.1　知识管理效果评价指标的筛选原则

在评价 MCCA 知识管理效果时,考虑到知识活动的动态性、人为因素的巨大影响,难以做到评价结果的精准测量,要保证评价结果趋于客观事实,才能带动未来云计算环境知识管理的发展方向。为了客观准确地评价 MCCA 知识管理效果,在选取指标时主要遵循以下原则:

(1)科学性与系统性原则。MCCA 知识管理效果受多个影响因素的影响,是一项复杂的系统工程,每个评价指标的评选都要真实、精准地展现出移动云计算联盟知识整合、利用的特征,形成一套相对完整、全面的评价指标体系。

(2)可操作性原则。MCCA 知识管理效果评价要结合实际发展情况,同时展望未来发展目标,对移动云计算联盟的可持续发展提供借鉴意义,所以要选择有真实准确数据来源的指标。

(3)恰当性原则。MCCA 知识管理效果评价指标体系的多少要适中,不要遗漏重要方面或有所偏颇,在保证信息完全的前提下,减少评价指标,选取主要指标,简化计算过程。

(4)定量与定性分析原则。通过计算形式得到的指标为定量指标。通过专家调查问卷或专家打分得到的是定性指标,主观成分颇多。尽量使用定量指标,做到公正客观。定量与定性指标相结合共同构成比较全面的评价指标体系。

6.1.2　知识管理效果评价指标确定

MCCA 知识管理的实施效果主要体现为联盟个体与整体两个方面。参考相关文献并结合联盟知识管理的实践情况,本书从联盟个体技术能力、联盟个体获利能力、联盟个体社会资本和联盟整体知识存量水平、知识合作效果、联盟整体成员间关系及云计算技术 6 个方面出发,建立 MCCA 知识管理效果评价指标体系。

6.1.2.1 联盟个体指标

(1)联盟个体技术能力。知识的大量累积与创新促进 IT 产品的研发以及科技创新的进步,组建联盟就是希望从联盟中获取自己短缺的资源。企业想要取得更多的商业利润必须要不间断地追求技术的完美,研制新产品以满足客户日新月异的需要,捕捉新客户。衡量联盟个体技术能力可以从预期知识的获得程度、新产品的开发能力、技术水平的提升和技术管理能力等方面来考虑。

(2)联盟个体获利能力。追求经济利益是企业进行生产、研发等经营活动的目的,也是进行移动云计算联盟合作的最终目标。移动云计算联盟可以有效缓解单个企业在生产创新过程中所遇到的问题,通过联盟,各方都投入一定的资源,共同进行合作,以较低的代价获得所需的互补性知识,大大降低风险,减少研发成本,使产品性能更优,有利于产品市场占有率的提高,进而给企业带来更高的经济利益。可以从劳动生产率提升水平、研发成本降低水平以及收益增加水平来衡量联盟个体的获利能力。

6.1.2.2 联盟整体指标

(1)联盟整体知识存量水平。企业知识的存量是企业长期知识积累的结果,是企业学习的结果,体现了企业知识管理水平和组织竞争能力。可以从联盟员工比例、员工平均受教育程度、员工间知识交流频率、专利成果拥有量、知识库扩充速度和信息化水平等方面衡量联盟整体知识的存量水平。

(2)联盟整体成员间关系。成员关系是联盟合作成功与否的基础,和谐的成员关系才能更加紧密地把各自相对独立的个体联系在一起。衡量联盟整体成员间关系可以从文化融合度、成员间关系信任程度、沟通频率和知识共享平台的完善程度等方面来考虑。

(3)联盟整体知识合作效果。MCCA 是基于合作研发的一种组织形式,中心任务是促进知识的流动和创新,在知识管理的过程中,联盟成员间通过共同研发,相互提供对方所需的知识,不仅在技术水平上大大提高,还可以对合作过程进行有效管理,协调相关技术,加快研发速度,有力地推动成果创新。一项移动云计算技术的研发成功,可以促进整个行业的技术水平的提升,形成技术壁垒,有助于联盟成员保持自身的优势地位和获取更多超额的经济利益。

6.1.2.3 云计算技术指标

随着云计算概念的深入人心,云计算的热浪已经扑面而来。其以强大的计算能力、超强伸缩性、方便快捷以及价格便宜等优势受到广泛欢迎。云计算技术的应用也促进移动云计算产业联盟知识管理水平的提升。具体表现在下面四个方面：

（1）节省成本幅度。虚拟化技术提高移动云计算资源的共享，服务器的利用率提高到 80% 左右，导致硬件购买成本的减少。服务器数量的减少导致系统管理人员的减少、软硬件系统维护升级的简化等间接成本的下降。对云服务提供商来说，"团购"大量的基础设施基于他们更好的折扣价格，能够提供低廉的租赁云服务。在开发和运营方面，也给云服务提供商带来共享的成本优势，真正的云应用是基于多租户的。所有的用户使用相同的云服务基本配置，云只需要维护一个共享的云版本。

（2）知识管理速度。云计算服务能够提供各种企业所需的 IT 基础设施、平台和软件服务。通过 IaaS，企业能够很快租赁使用和部署额外所需的服务器或者存储等基础设施，不使用的时候，能释放回共享的资源池。通过 SaaS，企业应用的用户规模能从几个到成千上万个用户的快速增长，这种快速的可得到性和可扩展性是传统技术所不能达到的，因此可以加速移动云计算联盟知识管理的速度。

（3）响应客户和公众需求时间。云计算的魅力在于它能实现敏捷性并真正节省成本，敏捷性能够帮助企业和政府组织迅速做出决策，并根据动态的客户和公众的需求调整方案和决策。对变化快速做出响应，缩短联盟进行知识管理的时间，提高知识管理的效果。

（4）增值服务和新的商业机会的增加。采用外部云服务商提供的计算、存储和应用系统等资源服务，企业信息技术部门就能从烦琐的常规管理工作中解脱出来，倾注更多实践和金钱关注核心业务，更好地与联盟其他成员合作，进行知识管理活动和创新技术，带来更多的商业价值。服务提供商的云数据中心不仅提供各种移动云计算资源服务，也拥有访问这些移动云计算服务的客户访问数据和行为信息。云服务提供商拥有的数据越多，意味着投资挖掘内容的价值就越大，也就能够以更低的价格提供更多的增值服务。

综上所述，建立 MCCA 知识管理效果评价指标体系，由目标层、一级指标层、二级指标层 3 个层次构成，见表 6-1。

表 6-1　MCCA 知识管理效果评价指标体系

目标层	一级指标	二级指标	指标类型
	联盟个体技术能力	预期知识的获得程度	定性 C_{11}
		新产品的开发能力	定性 C_{12}
		技术水平的提升	定性 C_{13}

续表 6 – 1

目标层	一级指标	二级指标	指标类型
联盟知识管理效果评价指标体系	联盟个体获利能力	劳动生产率提升水平	定性 C_{21}
		研发成本降低水平	定量 C_{22}
		收益增加水平	定量 C_{23}
	联盟整体知识存量水平	专利成果拥有量	定量 C_{31}
		云知识库扩充速度	定量 C_{32}
		组织间员工知识交流频率	定性 C_{33}
	联盟整体成员间关系	组织间员工完成任务程度	定性 C_{34}
		组织间员工平均受教育程度	定量 C_{35}
		知识共享平台的完善程度	定性 C_{41}
	联盟整体知识合作效果	组织间成员关系信任程度	定性 C_{42}
		沟通频率	定性 C_{43}
	云计算技术	缩短研发周期	定量 C_{51}
		行业进入技术壁垒	定性 C_{52}
		云计算节省成本幅度	定量 C_{61}
		云计算加速知识转移与知识共享速度	定性 C_{62}
		云计算缩短响应客户和公众需求时间	定量 C_{63}
		增值服务和新的商业机会的增加	定性 C_{64}

6.2　移动云计算联盟知识管理效果评价指标测度

6.2.1　知识存量表示模型

　　移动云计算联盟是由若干移动云计算企业、研发机构、中介机构等各类组织由政府参与并组建的。云环境下的移动云计算联盟知识存量可看作由企业员工头脑中的知识（以 PK 表示）、云端知识库中的知识（以 MK 表示）以及联盟企业间相互作用产生知识外溢的知识（以 YK 表示）组成。

　　存储在人头脑中的知识，它与联盟组织成员相关，流动性较大，这部分知识为隐性知识，容易因为知识使用频率过低或者跟随人员的流动而流失。存储在云端知识库中的知识，存储的形式有诸如文档、流程图、制度体系、方法、产品等多种形态各异的载体。云计算是一种全新的服务提供模式，它的核心思想就是一切皆服务，在云端提供移动云计算基础设施、平台、软件等服务,以供全球每个地点的用户共享各类服务。现在越来越多的企业已经将他们大部分资源转移到了云端,享受着云计算的这种服务。在云端各种载体中存储的知识为多显性知识,存储相对比较稳定,不容易丢失。伴随移动云计算联盟的成长,存在知识势差且连接强度高的两个主体,会因为移动云计算联盟内部频繁的非正式交流而产生知识外溢使得组织单元的知识存量发生增长,由于知识外溢是知识源的一种非自愿的扩散现象,本书也将这一部分知识作为考量。

知识网络是一种有效的知识表示和知识度量的工具,移动云计算联盟的知识构成情况可以由知识网络来描述,通过借鉴知识管理领域提出的假设建立移动云计算联盟的知识网络。

假设1:有限性假设。有限性是指移动云计算联盟中每个成员的知识节点是有限的。

假设2:确定性假设。确定性是指对每个知识节点的描述是确定的。

定义1 $G=(K,E)$ 表示移动云计算联盟的知识,知识元节点的集合为 $K=\{k_1,k_2,\cdots,k_n\}$,$i=1,2,\cdots,n$,组织知识结构中的知识元为 k_i,而各个知识节点之间关系的集合由 $E=\{(e_{ij})\}$,$i,j=1,2,\cdots,n$ 表示。根据上述定义可以将联盟的知识用知识节点和节点间的关系加以表示。

移动云计算联盟加权知识网络数学模型可以用图 G 及边权矩阵 W_G 描述如下:

$$G = (K,E) \tag{6-1}$$

$$W_G = \begin{bmatrix} w_{11} & w_{12} & \cdots & w_{1n} \\ w_{21} & w_{22} & \cdots & w_{2n} \\ w_{n1} & w_{n2} & \cdots & w_{nn} \end{bmatrix} \tag{6-2}$$

边权邻接矩阵 W_G 的矩阵元 w_{ij} 为

$$W_{ij} = \begin{cases} 0 & i = j \\ > 0 & i \neq j \text{ 且} \{n_i,n_j\} \text{ 为图 } G \text{ 的边} \\ = \infty & i \neq j \text{ 且} \{n_i,n_j\}) \text{ 为非图 } G \text{ 的边} \end{cases} \tag{6-3}$$

式(6-1)中,K 为知识网络中知识元节点的集合;E 为知识网络中边的集合;矩阵元 w_{ij} 表示相连节点间边的权值,对边进行赋值,权重表示下级知识点在其直接上级知识点中的重要程度。

在联盟实际活动过程中,对于某文档中分别出现1次和出现 N 次的"知识"一词,其具有的重要程度就不同。因此,在联盟知识网络的基础上,把主体的知识元和权重分别进行映射,知识网络的一个节点对应一组知识元和权重,这就构成了移动云计算联盟的加权知识网络。

移动云计算联盟知识存量可由式(6-1)加权得

$$G_{w_o} = \{K, Q(K), E, W\} \tag{6-4}$$

其中,K 为网络中知识点的集合,根据上文的分析,K 由 PK、MK、YK 三部分计算可得,头脑中知识点的获取。利用文本挖掘的相关技术,提取科研成果中的关键词作为知识节点。$q(p_i, k_j)$ 表示第 i 个人对知识 k_j 掌握的程度,由于知识有显性与隐性之分,可以通过考试、测试这种用文字或者符号能够表达出来的方法表示显性知识获取 q_{ij};若知识为隐性知识,难以表达,只能通过要求某人完成某项工作,对其观察完成的程度,这种间接测试的方法赋值获取 q_{ij}。移动云计算联盟中共有 n 名员工,则人头脑中知识 k_j 的总量为

$$q(k_j) = \sum_{i=1}^{n} \left[q(p_i, k_j) \mid \varphi(p_i, k_j) = 1 \right] \tag{6-5}$$

同理存储在云端中各类存储载体中 k_j 的知识含量为

$$m(k_j) = \sum_{i=1}^{n} \left[q(m_i, k_j) \mid \varphi(m_i, k_j) = 1 \right] \tag{6-6}$$

由联盟知识外溢产生的知识 k_j 表示为

$$y(k_j) = \sum_{i=1}^{n} \left[q(y_i, k_j) \mid \varphi(y_i, k_j) = 1 \right] \tag{6-7}$$

则移动云计算联盟所有成员企业中,知识总量为

$$q_j = q(k_j) \cup m(k_j) \cup y(k_j) \tag{6-8}$$

边的权重集合为 $W = \{w_{i_1 i_2}, w_{i_1 i_3}, \Lambda, w_{i_{n-1} i_n}\}$,表示知识网络中所有边的关系强度的集合。

知识元节点位于知识网络的密度、知识元节点在知识网络中的深度以及知识元节点之间连接的类型等都会对节点间边权重的大小产生影响,本书主要结合前两种因素的影响对节点间边权重进行设计。只有在两节点间存在边时,才能用数值定义两节点间的边权重;否则,视为不存在权重或权重为 0。

节点位于知识网络的密度,该值可用知识元节点的子节点个数与知识网络中所有节点个数的比重来衡量,如果一个知识很抽象,那么该知识点所包含的子节点个数就越多,则该节点所连的边的权重相应要取一个较小值;相反如果知识很具体,那么该知识点的子节点个数很少,则它所连接的边的权重应该赋予一个较高值。知识点位于知识网络的密度因子对权重的影响由式(6-9)表示。

$$\text{density}(c_1, c_2) = 1 - \frac{\ln(\text{hypo}(c) + 1)}{\ln(\text{max}_{wn})} \tag{6-9}$$

其中,c 值由 c_1 和 c_2 相比较低层次的那个计算得出;$\text{hypo}(c)$ 表示节点 c 的子孙节点的个数;max_{wn} 为整个知识网络中节点的总数。

节点在知识网络中的深度,该值可用知识元节点在知识网中所处的层次高低来衡量,因为在较低层次的知识节点比较具体,其边所赋的权也就相对较大;反之位于较高层次的节点,其边所赋的权也就较小,知识点在知识网络中的深度因子由式(6-10)表示。

$$\text{depth}(c_1, c_2) = \frac{\ln(\max\{\text{depth}(c_1), \text{depth}(c_2)\})}{\ln D} \qquad (6-10)$$

其中,$\text{depth}(c)$表示节点在知识网络中的所处的层次;D表示整个知识网络的深度。本书通过结合密度因子和深度因子两个角度对边权重进行计算,由式(6-11)表示。

$$\text{weight}(c_1, c_2) = t \times \text{density}(c_1, c_2) + (1 - t) \times \text{depth}(c_1, c_2) \qquad (6-11)$$

其中,t属于$[0,1]$,若$t=0$说明只有节点的深度对节点之间的边权重有影响;$t=1$时说明只有节点的密度影响节点之间的边权重。

6.2.2 知识存量的度量

通过借鉴复杂网络理论中对网络的度量手段,进而对MCCA的知识存量进行度量和分析。

移动云计算联盟知识的广度可以用联盟知识网络的直径和半径来描述。在本书构建的加权知识网络中,节点i到j的距离为i到j的最短路径中所有边的权重之和。最短路径是指经由网络从一个节点到另一个节点的最短距离。用网络的直径来描述专家知识的广度,在知识网络中,网络直径是指从网络中的一个节点成员出发,至少经过D步就可以到达网络中任一节点成员。网络直径D为网络中最长的最短路径。

$$D = \max w_{ij} \qquad (6-12)$$

网络半径R定义为任意一对知识元节点之间的最大路径中所有权重之和中最短的那一个。如果网络不是联通的,则网络半径为无穷大。

MCCA知识的深度可以用知识网络的密集程度来描述,这里采用复杂网络中的平均路径长度和聚集系数来度量MCCA知识的深度。

网络的平均路径长度表示知识网络中的所有知识元节点对之间距离的平均值。平均路径长度(AveragePathLength)的定义为

$$\text{AveragePathLength} = \frac{\sum_i \sum_j w_{ij}}{n(n-1)} \qquad (6-13)$$

如果网络的平均路径长度较小,则表示知识节点间的距离较小,知识节点越密集。

聚集系数描述了MCCA知识网络中节点的邻居之间互为邻居的比例,其计算公式为

$$C_i = \frac{2E_i}{k_i(k_i - 1)} \qquad (6-14)$$

式中,E_i是节点i的k_i个邻居节点之间实际存在的边的条数。整个网络的聚集系数为所有节点的平均值为

$$C = \frac{1}{n} \sum_{i=1}^{n} C_i \qquad (6-15)$$

不同知识节点位于移动云计算联盟知识网络中的位置也不尽相同。中心区域的知识节点不仅能够更好地体现移动云计算联盟知识的情况,也意味着其更强的获取网络内知识的能力,所以有必要对联盟知识网络的知识间距离进行探测。本书以接近中心度和中介中心性两个指标衡量移动云计算联盟成员知识间距离。

接近中心度是以距离为基础衡量一个节点的中心程度,其计算公式为

$$Centrality = \frac{\sum\limits_{1 \leqslant j \leqslant N} d_{ij}}{N-1} \qquad (6-16)$$

其中,N 为网络规模;d_{ij} 为节点 i 和节点 j 之间的最短距离。接近中心度越高,表示该节点在网络中的控制能力越强。

中介中心性是指经过该节点的最短路径的数量。由于节点 i 和节点 j 之间有多条最短路径,只有部分通过节点 i,因此节点的中介中心性计算公式为

$$C_B(n_i) = \sum\limits_{i,j=1,i \neq j}^{N} \frac{n_{ij}(i)}{n_{ij}} \qquad (6-17)$$

其中,n_{ij} 是连接 i 和 j 的最短路径数量;$n_{ij}(i)$ 是连接 i 和 j 且经过节点 i 的最短路径的数量。失去中介中心性比较大的节点,经过该节点的所有最短路径都会改变,对于经过该节点的唯一一条最短路径的节点对来说,节点之间就失去一条获取知识资源的捷径,需要经过更多的步骤进行知识资源的传播。

6.3　移动云计算联盟知识管理效果评价方法

6.3.1　评价方法的选取

6.3.1.1　评价方法的对比分析

在建立 MCCA 知识管理效果评价指标体系之后,就要选择正确的方法对知识转移与共享进行评价。本书对比模糊综合评价法与数据包络法这两种常见的评价方法。

模糊综合评价法是利用模糊关系合成的基本思路,在对客观事物评价的过程中,将一些意外因素、概念属性边界模糊不清因素等因素定量化,从而进行综合评价的一种方法。其数学模型主要涉及因素集、决断集和判断集三个基本要素,其评价过程包括指标体系的构建即因素集获取、各指标权重以及隶属函数的建立以及结果分析。目前,模糊综合评价主要是依赖主观感受对多指标问题进行综合评价,在带有评语集的多指标社会评价系统中应用较广。

数据包络法主要应用于相对效率的评价,一般针对多投入和多产出的相关问题进行效率综合评价,具有多个输入和输出数据以及决策单元,对其之间的相对有效性进行评价,由于 DEA 法处理数据的良好包容性,因此处理复杂问题时比一些常规方法具有一定的优越性。DEA 法在综合评价领域应用越来越广泛,主要在企业经营效率评价、软件产业基地规模效率与制度效率评价、外商投资行业效率研究等等。综上,DEA 法主要适用于多输入、多输出同类型决策单元的有效性评价。

6.3.1.2　D－S 证据推理算法的优势分析

MCCA 知识管理效果评价是一个定性定量相结合的复杂的多属性决策分析过程,它是指按照一套科学的评估体系和评价标准对知识管理的效果进行综合评价和审定,并给出相应的结论。由于移动云计算联盟知识管理效果的评价受到多因素属性的影响,移动云计算联盟成员进行知识管理时所处的云计算环境具有动态性和不可预知性。外部市场环境面临着种种不确定性,以及移动云计算联盟的成员边界存在动态性。外部环境的剧烈变化以及联盟成员内部能力等原因,使得对评价对象难以做出精确的判断。证据推理方法(Dempster – Shafer,D – S)能够较好地处理多属性决策问题中信息的不确定性和不完全性,能够将专家对多个评价指标不同的置信度向量集结为一个综合的置信度向量,因此采用证据推理理论方法是适宜的。本书基于 D – S 证据推理方法,提出一种基于可信度加权平均的新的冲突证据合成方法。利用 D – S 证据推理理论构建能实现定量指标和定性指标相结合的知识管理效果评价方法,为提升知识在 IT 产业联盟内部的高效传播、衡量知识管理作用效果提供参考。

6.3.2　D－S 证据推理理论评价模型算法描述

6.3.2.1　模型定义

证据理论是由德普斯特(Dempster)首先提出,并由沙佛(Shafer)进一步发展起来的理论。证据理论是一种融合主观不确定性信息的有效手段。在 D – S 证据理论中,研究对象的离散取值范围称为识别框架 $\Theta = \{A_1, A_2, \cdots, A_n\}$,两两互斥的元素 A 称为焦元,2^Θ 是识别框架中所有子集构成的集合,称为幂集。证据理论中最基本的信息载体是基本概率分配(Basic Probability Assignment)定义如下:

定义 2　在识别框架 Θ 下,函数 $m:2^\Theta \rightarrow [0,1]$ 在满足下列条件时:

$$\begin{cases} m(\varnothing) = 0 \\ \sum_{A \subseteq \Theta} m(A) = 1 \end{cases} \qquad (6-18)$$

称为在给定证据下的基本概率分配函数,其中 $m(A)$ 表示该证据支持命题 A 的程度。

证据理论的基本策略是将证据集合划分为两个或多个不相关命题,并对每个命题分配 BPA 值,然后使用 Dempster 组合规则合成所有证据,以获得对命题的最终决策。

定义 3 在识别框架 Θ 下存在两个证据,m_1 和 m_2 分别是对应的 BPA 函数,焦元分别为 $A_1,A_2,\cdots,A_n$ 和 $B_1,B_2,\cdots,B_t$,则 Dempster 组合规则为

$$\begin{cases} m(\varnothing) = 0 \\ m(A) = \dfrac{1}{1-K} \sum_{A_i \cap B_j = A} m_1(A_i)m_2(B_j), \forall A \subseteq \Theta, A \neq \varnothing \end{cases} \quad (6-19)$$

式中,$K = \sum\limits_{A_j \cap B_j \neq \varnothing} m_j(A_j)m_2(B_j)$,可作为各证据冲突程度的测度,$K$ 称为冲突因子。K 值越大,表明证据间的冲突越严重。系数 $1/(1-K)$ 称为归一化因子,其作用是避免在合成时将非 0 的概率赋给空集 $\varnothing$。

Dempster 组合规则适用于解决高置信度低冲突的证据合成问题。对于高冲突的情况,直接使用 Dempster 组合规则会产生不合理的结果。

为了克服这一不足,Yager 对 Dempster 组合规则进行了修正:

$$m(A) = \begin{cases} \sum\limits_{A_i \cap A_j = A} m_1(A_i)m_2(A_j), A \neq \Theta, A \neq \varnothing \\ \sum\limits_{A_i \cap A_j = A} m_1(A_i)m_2(A_j) + K, A = \Theta \end{cases} \quad (6-20)$$

式中,K 仍为冲突因子。

在 Yager 合成公式的基础上,李弼程提出一种更为理想的合成公式:

$$m(A) = \sum_{A_i \cap A_j = A} m_1(A_i)m_2(A_j) + Kq(A), A \neq \varnothing \quad (6-21)$$

式中,$q(A) = \dfrac{1}{n}\sum\limits_{i=1}^{n} m_i(A)$,$K$ 仍为冲突因子。

6.3.2.2 D-S 证据推理模型改进

Yager 和李弼程等提出的改进方法虽然在一定程度上能够处理冲突证据的合成问题,但对证据冲突概率的分配方式不尽合理,没有考虑各证据的可信度,在众多参考文献的基础上,本书提出采用加权平均的方法将证据冲突概率分配给各个命题,对 D-S 证据推理模型做出进一步的改进和完善。

设 Θ 为包含 n 个两两不同命题的完备识别框架 $\Theta = \{A_1,A_2,\cdots,A_n\}$,且 $A_i \cap A_j = \varnothing$,$m$ 个证据 $E_1,E_2,\cdots,E_m$ 的基本概率分配分别为 $m_{i1},m_{i2},\cdots,m_{in}(i=1,2,\cdots,m)$。定义证据 E_i 和 E_j 的距离为

$$d(e_i, e_j) = \sqrt{\frac{(\langle m_i, m_i \rangle + \langle m_j, m_j \rangle - 2\langle m_i, m_j \rangle)}{2}} \qquad (6-22)$$

式中,m_i 为列向量 $m_{i1}, m_{i2}, \cdots, m_{in}(i=1,2,\cdots,m)$,即证据 E_i 的基本概率分配,$\langle m_i, m_j \rangle$ 为两向量的内积,$\langle m_i, m_j \rangle = \sum\limits_{k=1}^{n} \sum\limits_{s=1}^{n} m_i(A_k) m_j(A_s) \frac{\| A_k \cap A_s \|}{\| A_k \cup A_s \|}, A_k, A_s \in \Theta$。

根据式(6-22)可以求得两两证据之间的距离矩阵为

$$\boldsymbol{d} = \begin{bmatrix} 0 & d_{12} & \cdots & d_{1j} & \cdots & d_{1m} \\ d_{21} & 0 & \cdots & d_{2j} & \cdots & d_{2m} \\ \vdots & \vdots & & \vdots & & \vdots \\ d_{i1} & d_{i2} & \cdots & d_{ij} & \cdots & d_{im} \\ d_{m1} & d_{m2} & \cdots & d_{mj} & \cdots & 0 \end{bmatrix} \qquad (6-23)$$

定义证据 E_i 和 E_j 的相似度为

$$s(e_i, e_j) = 1 - d(e_i, e_j) \qquad (6-24)$$

则两两证据之间的相似矩阵为

$$\boldsymbol{S} = \begin{bmatrix} 1 & s_{12} & \cdots & s_{1j} & \cdots & s_{1m} \\ s_{21} & 1 & \cdots & s_{2j} & \cdots & s_{2m} \\ \vdots & \vdots & & \vdots & & \vdots \\ s_{i1} & s_{i2} & \cdots & s_{ij} & \cdots & s_{im} \\ s_{m1} & s_{m2} & \cdots & s_{mj} & \cdots & 1 \end{bmatrix} \qquad (6-25)$$

两证据之间的距离越小,表明两者的相似度越大,相互支持的程度也越高。证据 E_i 的支持度为

$$\sup(e_i) = \sum\limits_{j=1, j \neq i}^{m} s_{ij} \qquad (6-26)$$

式(6-26)反映了除自身外,其他证据对 E_i 的支持程度。对各证据的支持度进行归一化处理,可得到证据的可信度为

$$crd(e_i) = \frac{\sup(e_i)}{\sum\limits_{i=1}^{m} \sup(e_i)} \qquad (6-27)$$

利用证据的可信度,对原始证据模型做出如下修正:

$$m'_i(A) = \begin{cases} crd(e_i) m_i(A), A \neq \Theta \\ 1 - \sum\limits_{B \subset \Theta} crd(e_i) m_i(B), A = \Theta \end{cases} \qquad (i = 1, 2, \cdots, m) \qquad (6-28)$$

由式(6-28)可知,在修正后的证据模型中,可信度小的证据的元素 $A \subset \Theta$ 所提供

的确定性信息将减少,而不确定性元素 Θ 所提供的不确定性信息将增加,因此可以减少可信度小的证据对整个系统的影响。

新的合成公式定义为

$$\begin{cases} m(\varnothing) = 0 \\ m(A) = \sum\limits_{\cap A_i = A} \prod\limits_{1 \leqslant j \leqslant m} m'_j(A_i) + K'q(A), \forall A = \subseteq \Theta, A \neq \varnothing \end{cases} \tag{6-29}$$

其中, $K' = \sum\limits_{\cap A_i = A} \prod\limits_{1 \leqslant j \leqslant m} m'_j(A_i)$ 表示修正后证据模型的总冲突, $q(A) = \sum\limits_{i=1}^{m} crd(e_i)m_i(A)$ 决定了分配给命题的冲突比例。

6.3.2.3　知识转移与共享效果评价模型构建

(1)采用层次分析法确定评价指标的权重, W_i 表示一级指标 U_i 的权重, W_{ij} 表示二级指标 U_{ij} 的权重,且 W_i 与 W_{ij} 满足 $0 < W_i < 1, \sum\limits_{i=1}^{n} W_i = 1, 0 < W_{ij} < 1$,则有

$$\sum\limits_{j=1}^{m} W_{ij} = 1, i = 1, \cdots, n, \quad j = 1, \cdots, m \tag{6-30}$$

专家的评语等级集为 $H = \{H_k | k = 1, 2, \cdots, 5\} = \{很差, 差, 一般, 好, 很好\}$,构成评价的识别框架。评语的评价值用比率标尺法确定,这里取 $P(H) = \{P(H_1), P(H_2), P(H_3), P(H_4), P(H_5)\} = \{0.1, 0.3, 0.5, 0.7, 0.9\}$。

专家根据自己的知识、经验和个人偏好,对知识转移与共享效果评价指标体系的二级指标在评语等级 H 上分别给出置信度 $\beta_{i,k}(i = 1, 2, \cdots, m, k = 1, 2, \cdots, 5)$,满足 $0 \leqslant \beta_{i,k} \leqslant 1$, $\sum\limits_{k=1}^{5} \beta_{i,k} \leqslant 1$; $H_k(\beta_{i,k})$ 的含义为二级指标 U_{ij} 关于评语 H_k 的置信度为 $\beta_{i,k}$。

(2)利用新的 D – S 证据理论合成式(6-29)对二级指标的 Mass 函数进行合成,得到各位专家关于上一级指标 U_i 的 Mass 函数;利用式(6-29)对各专家关于 U_i 的 Mass 函数进行第二次证据合成,即对专家的意见进行集结,得到关于 U_i 新的 Mass 函数 $m(H_k | U_i), m(H_\Theta | U_i)$。

(3)计算"确定性"评价值 S_i。

$$S_i = \sum\limits_{k=1}^{5} p(H_k)m(H_k | U_i) \tag{6-31}$$

这样问题就转化为确定型决策评价问题。

(4)利用加权法可得到待评联盟知识转移与共享效果的最终评价结果。

6.4　基于 D – S 证据推理的评价流程

基于改进的 D – S 证据推理模型的 MCCA 知识管理效果评价过程和步骤包括六个

方面,其评价流程如下:

(1)明确联盟知识管理效果评价的目的和标准。MCCA 知识管理效果评价的过程中,首先要明确进行效果评价的目的,为效果评价指明方向。在效果评价开始前,也要确定此次移动云计算联盟知识管理效果评价的标准和原则,明确对评价对象进行定性和定量评价的规范和尺度。

(2)构建 MCCA 知识管理效果评价的指标体系。效果评价的核心环节就是评价指标体系的确定。只有正确合理的指标才能确切的反映企业的显示状况,效果评价才有价值。采用定性和定量相结合的方法分析对比各指标,确定知识管理效果指标。

(3)确定指标的权重。评价指标的权重反映了各个指标在指标体系中的重要程度,是一种数量化的表示。本书选用层次分析法确定 MCCA 知识管理效果评价各指标的权重。

(4)评价指标的标准确定。MCCA 知识管理效果评价的具体指标一般情况都有各自的量纲,不同的评价指标可能有不同的量纲,代表不同的意义。必须对各指标进行无量纲化处理,除去各指标自身的量纲对评价分析带来的偏差,这样才能进行指标间的对比分析。

(5)选择评价方法,评价模型,求解评价结果。本书选择的基于 D－S 证据推理评价模型能够满足评价要求,能够实现评价目的,结合评价系统的各个方面,对 MCCA 知识管理效果进行定量的评价分析。具体方法是根据 MCCA 管理效果综合评价值的大小进行排序,衡量联盟知识管理效果的差异。

(6)综合分析,得出效果评价结论。参考效果评价的结论,对基于移动云计算联盟知识管理状况进行进一步的现状分析,分析问题产生的原因,根据实际联盟知识管理中反馈的信息,不断地对整个知识管理体系进行修正与升级,为联盟进一步科学地制定知识管理策略提供参考价值。

6.5　本章小结

本章首先对联盟知识管理的评价指标进行构建,在确定指标权重的基础上,对指标进行度量,采用基于 D－S 证据推理评价模型,对移动云计算联盟知识管理效果进行评价。该评价体系的建立为把握移动云计算联盟知识管理的水平,为促进联盟知识流动提供保障。

第7章 移动云计算联盟知识管理平台规划与设计

7.1 基于回归分析和敏捷方法的知识管理平台需求建模

7.1.1 基于回归分析方法的功能需求抽取

MMCA 知识管理平台是为实现成员间互通交流而搭建的,但不同成员的需求不尽相同,而知识管理平台又是涉及云计算领域的新应用平台,企业成员对平台的具体规划及后台云数据库等架构尚无经验,构想的平台功能可能过于繁多和理想化。这其中影响平台运作效果的功能往往很多,每一功能的改变都有可能影响平台的效果,影响MMCA 成员知识共享的速率和效率,不过可能有些功能对平台影响较大,有些功能则影响较小,这时应该筛选出影响大的功能进行开发才能确保平台的正常运营。因此在设计开发 MMCA 知识管理平台前,分析出哪些功能是主要,哪些是次要,哪些是非常有必要的,然而这对平台开发人员的要求很高,一方面要具备成熟的开发经验,一方面要正确选用某种分析方法,对符合成员需求及平台满意度的众多数据进行分析,才能及时准确地找出平台足够用的需求。

回归分析是广泛用于确定两个变量之间关系的一种统计学方法,与 MMCA 知识管理平台需求抽取来确保平台满意度存在契合点。回归分析法在分析模型时简单方便,能够准确计量拟合度,并且利用数学方法进行功能抽取,是理论与实践的结合,能够确保需求抽取的准确性,因此本书采用回归分析抽取功能需求。首先对 MMCA 成员发放需求调查表,然后用回归分析方法找到表中关系紧密的各类功能,并对影响知识管理平台满意度的功能进行建模。

设定 MMCA 成员对平台的满意度为因变量 y,影响知识管理平台满意度的各功能项分别为自变量 $x_1, x_2, \cdots, x_m$。首先将这些功能量化,结果见表 7-1。

表 7 – 1　功能量化表

序号	y	x_1	x_2	$\cdots$	x_m
1	y_1	x_{11}	x_{21}	$\cdots$	x_{m1}
2	y_2	x_{12}	x_{22}	$\cdots$	x_{m2}
$\vdots$	$\vdots$	$\vdots$	$\vdots$	$\cdots$	$\vdots$
n	y_n	x_{1n}	x_{2n}	$\cdots$	x_{mn}

从表 7 – 1 中可以得出以下结论：

(1)如果把量化表中平台的每项功能 X 对 MMCA 知识管理平台满意度 Y 的期望，记为 $E(Y|X)$，则对各功能 X 有不同的期望值；

(2)设 $y = E(Y|X) = f(x)$，其中 $f(x)$ 是 y 对 x 的回归，$y = f(x)$ 则是 Y 关于 X 的回归方程，而需求抽取的原理是求出 $f(x)$，因此首先设定 Y 和 $f(x)$ 的值，其中假设 Y 服从正态分布，$D(Y) = \sigma^2$；

(3)假设 $f(x)$ 与某个功能项 x 存在线性关系，符合线性分布，设 $y = a + b*x$，并设定一个相关系数 r 作为反映功能项变量 x 与平台满意度 y 呈线性关系程度的度量指标。

$$r = \frac{\text{cov}(X, Y)}{\sqrt{DX \times DY}} \qquad (7-1)$$

其中，r 的取值范围设为 $[-1, 1]$ 之间。当 $0.8 \leqslant r \leqslant 1$，$x$ 与 y 密切线性相关；当 $0.3 \leqslant r < 0.8$ 时，x 与 y 之间线性关系；当 r 接近于 0 时，x 与 y 非线性相关。那么根据上面的推导，可以确定 x 与 y 是否存在线性关系，可得如下定理。

已知 MMCA 成员对平台的满意度 y 与各功能 $x_1, x_2, \cdots, x_m$ 间确实存在相关关系，并且根据初步计算，假设为线性关系，那么则有

$$y_j = \beta_0 + \beta_1 x_{1j} + \beta_2 x_{2j} + \cdots + \beta_m x_{mj} + \varepsilon_j, \quad j = 1, 2, \cdots, n \qquad (7-2)$$

其中，功能 $x_1, x_2, \cdots, x_m$ 为一般变量，平台满意度 y 为随机变量，随 $x_1, x_2, \cdots, x_m$ 而变，存在细微误差；ε_j 也为随机变量，但相互独立且服从 $N(0, \sigma^2)$ 分布，此时可以根据实际值对 $\beta_0, \beta_1, \cdots, \beta_m$ 进行估计。

设定 y 对 $x_1, x_2, \cdots, x_m$ 的 m 元线性回归方程为

$$\hat{y} = b_0 + b_1 x_1 + b_2 x_2 + \cdots + b_m x_m \qquad (7-3)$$

其中，$b_0, b_1, \cdots, b_m$ 是 $\beta_0, \beta_1, \cdots, \beta_m$ 的最小二乘估计值。即 $b_0, b_1, b_2, \cdots, b_m$ 应使实际平台满意度 y 与回归估计满意度 $\hat{y}$ 的偏差平方和最小。因此建立完多元线性回归方程后，还需要对其进行显著性检验，确保偏差最小。本书接下来使用 F 检验方法。

与一元线性回归分析一样，在多元线性回归分析中，因变量 y 的总平方和 SS_y，由

SS_R、SS_E 两部分组成,分别为回归平方和及残差平方和,它们存在这样的关系,用式(7-4)表示为

$$SS_y = SS_R + SS_E \qquad (7-4)$$

因变量 y 的总自由度 df_y 也由 df_R、df_E 两部分组成,分别为回归自由度与残差自由度,存在关系如下:

$$df_y = df_R + df_E \qquad (7-5)$$

式(7-4)、式(7-5)称为多元线性回归的平方和与自由度的剖分式。

在式(7-4)中,$SS_y = \sum (y - \bar{y})^2$ 反映了因变量 y 的总变异;$SS_R = \sum (\hat{y} - \bar{y})^2$ 反映了多个自变量对因变量的综合线性影响所引起的变异;$SS_E = \sum (y - \hat{y})^2$ 反映除因变量与多个自变量间存在线性关系以外的其他因素包括误差所引起的变异。式(7-4)中各项平方和的计算方法如下:

$$SS_y = \sum y^2 - \frac{(\sum y)^2}{n} \qquad (7-6)$$

$$SS_R = b_1 SP_{10} + b_2 SP_{20} + \cdots + b_m SP_{m0} = \sum_{i=1}^{m} b_i SP_{i0} \qquad (7-7)$$

$$SS_E = SS_y - SS_R \qquad (7-8)$$

式(7-5)中各项自由度的计算方法如下:

$$df_y = n - 1 \qquad (7-9)$$

$$df_R = m \qquad (7-10)$$

$$df_E = n - m - 1 \qquad (7-11)$$

其中,m 为自变量的个数,n 为实际数据的组数。

在计算出 SS_R、df_R 与 SS_E、df_E 之后,可以得到回归均方 MS_R 与残差均方 MS_E:

$$MS_R = \frac{SS_R}{df_R}; \quad MS_E = \frac{SS_E}{df_E} \qquad (7-12)$$

检验多元线性回归关系是否显著或者多元线性回归方程是否显著,就是检验各功能自变量的总体偏回归系数 $\beta_i (i = 1, 2, \cdots, m)$ 是否同时为零,显著性检验的无效假设与备择假设为

$$H_0: \beta_1 = \beta_2 = \cdots = \beta_m = 0, \quad H_1: \beta_0, \beta_1, \cdots, \beta_m \text{ 不全为 } 0$$

在假设 H_0 成立下,有式(7-13)所示的情况:

$$F = \frac{MS_R}{MS_E}, (df_1 = df_R, df_2 = df_E) \qquad (7-13)$$

根据上述 F 检验,可以推断出多元线性回归,即功能与平台满意度之间关联关系是否显著。但即使 F 检验出多元线性回归方程显著,也无法说明每个自变量与因变量的

线性关系均为显著,这样判断出 MMCA 知识管理平台功能不一定准确,并不排除所抽取功能中存在与平台满意度线性无关功能的可能性。但要想从所有功能自变量中,区分哪些功能与平台满意度线性影响是显著的,哪些是不显著的,就需要逐一对各偏回归系数进行显著性检验,以便从回归方程中除去那些不显著的功能。偏回归系数 $b_i(i=1,2,\cdots,m)$ 的显著性检验(自变量对因变量的线性影响的显著性检验)所建立的无效假设与备择假设为

$$H_0 : \beta_i = 0, \quad H_1 : \beta_i \text{ 不全为 } 0$$

此时,采用 t 检验,可得

$$t_{b_i} = \frac{b_i}{S_{b_i}}, df = n - m - 1 \quad i = 1, 2, \cdots, m \qquad (7-14)$$

式中,$S_{b_i} = S_{y \cdot 12 \cdots m} \sqrt{c_{ii}}$ 为偏回归系数标准误差;其中,$S_{y \cdot 12 \cdots m} = \sqrt{\dfrac{\sum (y - \hat{y})^2}{n - m - 1}} = \sqrt{MS_r}$ 为偏回归系数标准误差,c_{ii} 为 $\boldsymbol{C} = \boldsymbol{A}^{-1}$ 的主对角线元素。

所以,当对显著的多元线性回归方程中各个偏回归系数进行显著性检验都为显著时,说明各个自变量对因变量的影响都是显著的,那么说明开发人员所抽取的功能对平台质量的影响都是显著的,是有直接影响并且影响最大的几个功能,这时候抽取的需求就是恰好够用的,可以进行建模开发了,但如果最终结果为不显著,则需要继续检验,从所有功能中剔除一个功能变量,再重新重复上述线性和显著性检验,直到求出的结果为显著的,并且每个功能都与平台满意度之间是显著的。

7.1.2　基于 UML 的知识管理平台敏捷建模

抽取完恰好够用的功能后,开发人员便可以开始进行需求建模了,这样使得开发过程更为快捷方便。需求建模在任何系统开发中都是必不可少的,它可以对事物进行简化,能更清晰了解 MMCA 知识管理平台的结构,帮助 MMCA 开发人员明确设计理念与目标。

UML 是一种图形化建模语言,多用于面向对象的平台建模,它运用一组图形化的表示法,可以使建模过程更加明确清晰,但整个建模过程需要构建的模型较为繁多,也较为复杂,需要融合一种新的开发思路解决以上问题。因此,在为 MMCA 知识管理平台建模时,本书引入较为快捷简单的敏捷建模的思想,再利用 UML 建模语言进行需求建模,在保证建模的整体流程顺利进行的同时,使得模型更简单,从而提高 MMCA 知识管理平台的开发效率,不仅如此,此种建模方法还具备动态性,可以随时适应平台的需求变化,随时进行调节。下面利用 UML 对 MMCA 平台进行敏捷建模,具体过程如图 7-1 所示。

图 7 - 1　建模顺序图

1.定义用例

定义用例实则为描述规约,是建模的基础,目的在于提前定义知识管理平台要具备的功能,并为下文概念模型的建立等工作服务。其中用例就是用文本格式对功能过程进行描述,开发人员在开发平台过程中的首要任务就是实现一个或者多个用例。用例按照重要程度及需求明显程度可以分为基本用例和高层用例,显而易见,在开发过程中高层用例应该首先处理。这样可以 MMCA 知识管理平台开发过程中的一个高层用例(X_n)"知识查询"活动为例,展示一个完整的建模过程:

用例:知识查询(X_n)

参与者:知识查询者成员 A、知识发布者成员 B

类型:主要

描述:MMCA 成员 A 缺少某方面知识,比如云技术 MapReduce,为弥补企业这方面的缺陷,在 MMCA 知识管理平台上查询所需知识;MMCA 成员 B 之前在此平台上发布过此类知识。

UML 中用例的图标如图 7 - 2 所示。

图 7 - 2　UML 中用例的图标

可以看到,在这个用例过程中存在着成员 A 和成员 B 两个角色,它们就是用例中的参与者。参与者是指一个用例活动中存在的外部实体,并参与了活动的执行过程,参与者可以有若干个。UML 中参与者的图标如图 7 - 3 所示。

图 7 - 3　UML 中参与者的图标

在 MMCA 知识管理平台开发过程中,需要用到以上的几个图标来绘制用例图。下面,给出具体绘制步骤:

(1)通过基于回归分析的功能抽取后,首先列出 MMCA 知识管理平台所需用到的全部功能,识别出各个用例和参与者。

(2)将所有用例按照重要程度分为三类,主要、次要和可任选,并用高层用例格式将其全部写出。

(3)绘制 MMCA 平台用例图。

(4)分析用例之间是否相互关联,存在怎样的关系,并描述出来。

(5)用扩展的基本格式写出最重要、在用例间相关性最大和最具开发风险的用例,从而使得知识管理平台开发人员更好地理解和预见出问题的性质和规模,随机应变。

按照上述步骤,以 MMCA 知识管理平台开发过程中的一个高层用例"知识查询"活动为例进行分析。首先识别参与者,列出参与者和用例活动过程,见表 7-2。

表 7-2　知识查询过程表

联盟成员 A	登录注册平台,查询知识
联盟成员 B	登录注册平台,发布知识
MMCA 平台管理员	实时管理平台共享知识信息及相关信息

将其按照高层格式书写用例如下:

用例:知识查询

参与者:知识查询者成员 A,知识发布者成员 B

类型:主要

描述:MMCA 成员 A 缺少某方面知识,比如云技术 MapReduce,为弥补企业这方面的缺陷,在 MMCA 知识管理平台上查询所需知识;MMCA 成员 B 之前在此平台上发布过此类知识。

用例:登陆平台

参与者:MMCA 知识管理平台管理员

类型:主要

描述:审查平台云数据库信息,知识合理性,知识发布时间的正确性,检查完后处于就绪状态。

那么即可建立知识管理平台的部分用例图,如图 7-4 所示。

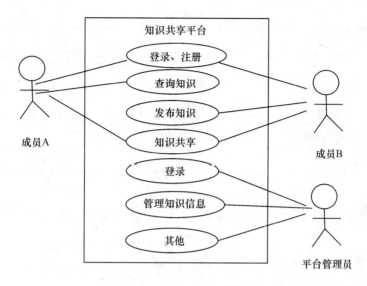

图 7 - 4　UML 中用例图

由于平台功能繁多,本书不再一一列举,这里只以 MMCA 知识管理平台中最不可或缺的功能"知识查询"用例图为例,但实际上平台中还有许多的过程活动需要描述。

2. 建立概念模型

概念模型代表了问题域中的概念或者对象,其目标是使得平台开发人员基本理解需求文档中出现的词汇和概念。在需求建模中,根据现有功能建立一个大致的概念模型,然后,在不断循环的开发周期中,针对要处理的需求对其逐步细化和扩展,这样可以减少开发人员开发时间,提高平台开发效率。

概念模型是问题域中概念的描述,一个概念模型对应一组静态结构图。那么首先列出"知识检索"的概念目录列表,找出概念描述。见表 7 - 3。

表 7 - 3　概念目录

概念类目	举例
物理或实物对象	管理平台,知识
规格说明或事物的描述	知识描述
地点	知识来源信息
事务	登录,查询,获取
人的角色	成员 A、B,管理员
包含其他事物的包容器	平台,成员 B
被包含在包容器内的事物	知识,成员 A

续表 7-3

概念类目	举例
组织	移动云计算联盟,平台维护
事件	登录,发布,查询,获取
过程	知识查询过程
规则和策略	保密协议,共享协议
目录	知识目录

构建"知识检索"用例的概念模型后,需要分析概念模型中关联关系,包括以下两种:

(1)对象之间的关系要保存一段时间的关联;

(2)从通用关联列表中派生出的关联。

关联是用连线来表示两个概念之间的关系,它链接了关联两端的概念实例。因此可通过关联列表找出概念模型中的关联关系,见表7-4。

表 7-4 关联表

分类	举例
A 在物理上是 B 的一部分	企业电脑终端——知识管理平台
A 在逻辑上是 B 的一部分	A 所需的知识——平台知识库
A 在物理上包含在 B 中	成员 A、B——移动云计算联盟
A 在逻辑上包含在 B 中	B 发布的知识——平台知识库
A 是对 B 的描述	知识描述——知识
A 是事务 B 或报告 B 的一个记录项	B 发布知识——知识信息表
A 为 B 记录	知识信息——知识管理平台
A 是 B 的一个成员	成员 A、B——移动云计算联盟
A 使用或管理 B	管理员——知识发布信息
A 与 B 相互通信	成员 A——成员 B
A 与一个事务 B 有关联	成员 A——知识共享
A 被 B 所拥有	知识管理平台——移动云计算联盟

找到概念和概念间相应的关联后,最后要为概念模型添加属性,起到提示作用。因此通过上面三个步骤,可以建立一个用于 MMCA 知识管理平台"知识查询"的概念模型,如图7-5所示。

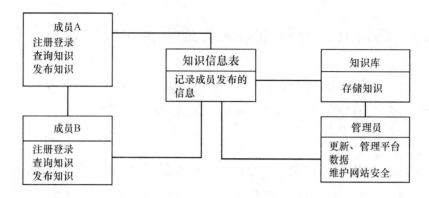

图 7 – 5　知识查询概念模型

3. 抽象设计类

建立用例图与概念模型后,需要对用例中的对象抽象设计出类。建立类图的一般步骤如下:

(1)对 MMCA 平台用例图进行分析;

(2)从用例图中找出对象与类,明确它们的概念和功能,确定其属性和具体操作;

(3)寻找类与类之间的静态联系;

(4)设计类与联系。

(5)绘制类图,并编写相应的属性说明。

4. 需求存档

建立完用例与类模型,对 MMCA 知识管理平台的各个功能建立相应的动态模型,形成 MMCA 知识管理平台初始的需求文档。在完成需求整理基础上,还需要按照一定的模板将需求转化成书面文档保存。当需求内容变更时要随时记录变更日期和变更原因等,并重新存档。

7.1.3　知识管理平台敏捷需求管理

在完成所有建模步骤后,需要对 MMCA 知识管理平台需求进行管理,包括对需求的组织和整理,从而在联盟成员和实现成员需求的平台功能之间达成共识,以便更好地控制平台需求,保证分配到的需求与联盟的知识共享计划和联盟间的知识共享活动相匹配。需求管理活动对于基于 UML 的 MMCA 知识管理平台敏捷需求分析是很有必要的,当确定平台需求标准后,当需求发生任何变动,都需要进行有效的控制、跟踪和记录,这样才可以保证 MMCA 知识管理平台开发的顺利进行。——

7.2 移动云计算联盟知识管理平台层次体系与框架设计

根据上文对知识管理平台需求的分析以及云架构的理解,本书将 MMCA 知识管理平台架构分为三个层次:知识资源层、知识应用层以及服务实现层。

1. 知识资源层

知识资源是 MMCA 知识管理平台搭建的基础,需要大量知识库作为共享的源泉,从而实现知识的交流。云计算为知识资源层提供了更为便捷的基础设施服务,即云数据库存储,联盟成员将获取来的知识存储在知识资源层中的云数据库中,不仅减少了数据安全风险,更降低了运营成本。

云知识资源库实际上是由海量服务器搭建而成,它不仅是开放的、动态的、可扩展的,还将不断地通过知识识别、概念学习及其他集成技术进行知识的采集和更新。知识资源层中的知识存量是搭建平台的前提保障,那么如何按照用户的需求,在云中众多知识资源内精确快速地找到最需要的部分,便是保证平台实施的关键,下文也将重点对云数据库动态路径进行规划,使知识资源层的构建达到最优。

2. 知识应用层

知识应用层是 MMCA 知识管理平台的主体部分,它为 MMCA 成员提供丰富的各类功能及应用以完美地进行知识共享,即重点从设计的角度支撑成员间知识共享过程中的知识识别、搜集、组织、共享、应用和创新的动态过程。

知识应用层的设计对云平台架构很重要,因为它起到承上启下的作用。对于知识资源层而言,它是调用者。根据成员在平台上的服务请求,完成相应的逻辑处理、知识调用数据库操作等,它需要高并发地处理用户的大量请求,并要保证高可靠性;对于表示层而言,它却是被调用者,为成员提供所需共享功能,并进行质量评价。根据以上原则,下文也将重点利用 Hadoop 开源分布式架构中的 HDFS 分布式文件系统和 MapReduce 分布式编程模型对知识应用层中的控制层和服务层进行设计,一方面满足平台的可靠、安全、可伸缩性等需求,另一方面可以轻松组织计算资源,使平台搭建更为便捷。

3. 服务实现层

服务实现层是 MMCA 知识管理平台的最终表现,位于体系中的最上层,离用户最近。用于显示数据和接收用户输入的数据,为用户提供一种交互式操作的界面。MMCA 成员通过在平台上的各项操作,完成服务实现层对知识应用层的接口调用,即各功能的实现。服务实现层的构建也是根据知识应用层中服务层所提供的各项功能模块设计,基于 Hadoop 框架完成的。

　　根据上述对 MMCA 平台层次体系的分析与描述,构建出 MMCA 知识管理平台架构模型,如图 7 - 6 所示。

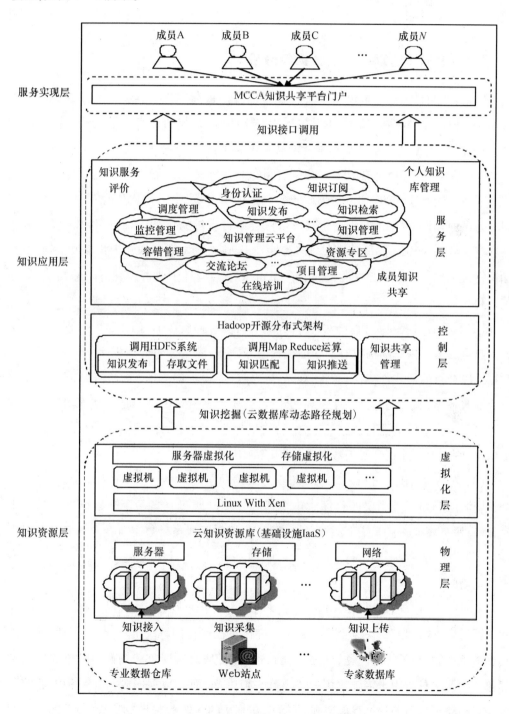

图 7 - 6　MMCA 知识管理平台架构模型

7.3 移动云计算联盟知识管理平台云数据库动态路径规划

7.3.1 知识管理平台云数据库分析

（1）知识特性分析。MMCA 中的知识可以按照被编码化的程度大致分为显性知识与隐性知识两大类。其中显性知识是指能够用明确、系统的语言文字表达和传递的知识，既包括构建管理平台相关的理论知识和技术常识，如云技术、数据库相关知识等，也包括维护联盟正常运行的知识，如合同、协议、备忘录等。而隐性知识是一种无法用系统文字性的语言表达的知识，它蕴藏于各联盟成员经验之中。MMCA 成员间共享的知识多为显性知识，而隐性知识由于其只可意会不可言传的特征很难被 MMCA 成员表达并共享。如果 MMCA 成员间存在过多隐性知识，则会影响联盟内知识共享效果，但隐性知识的共享也是非常有必要的，因此，在 MMCA 平台设计中要着重针对隐性知识，保证其顺利共享。

（2）云数据库特征分析。云数据库作为云计算存储资源的有效工具，一直是人们研究的热点。云数据库的构成有别于传统数据库，它是海量分布式数据库的集合体，这些数据库以节点的形式连接在云端，一部分是固定存储，还有一部分则是由 MMCA 中小服务商的服务器构成，动态存储在云端，会随着公司的运营情况随时加入或退出联盟。这就可能影响云上的节点与链路的正常运行，增加了云中路由预测与识别难度。怎样在云中精确、高效率地找到所需数据库，是亟须解决的难题。

（3）负载均衡机制分析。MMCA 组织形式的动态性影响到云数据库的部署，在运行知识资源层和知识应用层的程序时也会遇到一些问题，如：当平台开始接受大量请求时，现有服务器能否满足需要处理的负荷量；如果联盟成员带着自身企业的服务器退出联盟，整个系统是否正常运行。因此，在对知识资源层进行构建时，需要采取一种实现负载均衡的措施。

针对联盟组织形式以及云数据库自身的动态可扩展性及海量数据存储等特点，寻找一种适合云数据库的快速查找算法对此进行路径优化能解决上述问题。但既要考虑到网络流量、全局最优的问题，又要优化到达时间，从而实现负载均衡。简单的树型和静态查找算法只适用于传统的集中式及静态数据库，而云数据库则需要一种能够兼顾分布式和动态更新的数据存储方式。为此，在算法的筛选上主要需考虑两个方面：

（1）全局最优性。云数据库是规模极其庞大的网络资源池，一般性的启发式查找算法,如遗传算法,容易陷入局部最优的困境中,不能为用户筛选出更精确的资源。

(2)收敛速度问题。有机融合其他智能算法,用非确定算法来找到近似解,有助于提高云计算效率。而云数据库的路径优化问题,正好属于非确定性求解的组合优化问题。

7.3.2　知识管理平台知识资源虚拟化

虚拟化是云计算核心支撑技术之一,其原理是将云计算网络中的存储、计算、服务器等物理资源抽象成一个大型资源池,统一整合,为用户提供按需服务。主要涉及两方面硬件物理资源的虚拟化:服务器虚拟化和存储虚拟化。

(1)服务器虚拟化。服务器虚拟化的思想是将其从物理抽象成逻辑,把一台服务器变成几台甚至上百台分布在各处的虚拟服务器,整合网络中丰富的 CPU、内存、磁盘、I/O 等硬件资源,统一调度以构成一个资源池为用户提供按需服务,从而提高资源的利用率,方便系统管理。

服务器虚拟化有两种主要形式:"一虚多"和"多虚一"。"一虚多"顾名思义是一台服务器虚拟成多台服务器,即将一台物理服务器分割成多个相互独立、安全的虚拟环境。"多虚一"就是多个独立的服务器虚拟为一个逻辑上的服务器,集合多台服务器的存储资源更快速地处理同一个业务。根据以上分析,MCCA 知识管理平台服务器虚拟化应采用"多虚一"的部署模式,联盟中的多个硬件设备制造商为平台提供多个服务器,将这些独立的服务器虚拟为一个逻辑服务器,即云数据库,把联盟自身及从外界获取的相关知识存储在云数据库中,形成云知识资源库。

(2)存储虚拟化。存储虚拟化顾名思义就是对存储硬件资源抽象化,通过存储池化、资源分区完成虚拟化操作,优化数据存储环境,统一提供有用的全面的功能服务,例如:仿真整合功能、减少平台复杂性等。MMCA 知识管理平台在服务器虚拟化的基础上,利用存储虚拟化技术创建高效而灵活的知识资源存储池,不仅可以减少不必要的资源浪费,还可以为云知识资源库的管理提供更为系统的管理。

7.3.3　基于免疫多态蚁群算法的云数据库动态路径优化

7.3.3.1　多态蚁群算法基本模型

多态蚁群算法(Polymorphic Ant Colony Algorithm,PACO)中主要存在三种类型蚁群:侦察蚁、搜索蚁和工蚁。其中,工蚁群的任务,只是负责从已确认完的最佳路径取回巢,本书在设计云数据库路径优化算法时不考虑它。侦察蚁主要负责局部侦察,以云数据库中每个节点为中心进行搜索,并留下侦察结果(侦查素),为搜索蚁提供帮助;搜索蚁主要负责全局搜索,每到一个节点,根据侦察蚁留下的侦察素及各路径原有的信息素来选择下一个节点,直到找到最佳路径,并标记出来。

(1)侦察蚁。将 m 个侦察蚁分别放置在 n 个节点上,每个侦察蚁以所在节点为中心侦查其他 $n-1$ 个节点,并将侦察结果与已有的 MAXPC(先验知识)相结合,作为侦察素 $s[i][j]$,标记在从节点 i 到节点 j 的路径上,搜索蚁群便可根据标记出的侦查素和已有的信息素进行计算,并随时对各路径上的信息量进行调整。$s[i][j]$ 公式为

$$s[i][j] = \begin{cases} \dfrac{\bar{d}_{ij}}{d_{ij}}, & \text{节点 } j \text{ 在节点 } i \text{ 的 MAXPC 之内时} \\ 0, & \text{此外} \end{cases} \tag{7-15}$$

其中,$\bar{d}_{ij}$ 表示以节点 i 为中心,到其他 $(n-1)$ 个节点的最小距离。据此结果,当 $t=0$ 时,每条路径上的信息量按照式(7-16)计算:

$$\tau_{ij}(0) = \begin{cases} C \times s[i][j], & \text{若 } s[i][j] \neq 0 \\ C \times \dfrac{\bar{d}_{ij}}{\overline{\overline{d}}_{ij}}, & \text{否则} \end{cases} \tag{7-16}$$

其中,$\overline{\overline{d}}_{ij}$ 表示以节点 i 为中心到其他 $n-1$ 个节点的最大距离;C 为各路径上最开始的信息素浓度。

(2)搜索蚁。蚂蚁 $k(k=1,2,\cdots,m)$ 运动过程中,从节点 i 转移到节点 j 的状态转移概率为 $p_{ij}^{k'}(t)$,其值为

$$p_{ij}^{k'}(t) = \begin{cases} \dfrac{\tau_{ij}^{\alpha}(t) \cdot \eta_{ij}^{\beta}(t)}{\sum\limits_{s \neq tabu_k} \tau_{is}^{\alpha}(t) \cdot \eta_{is}^{\beta}(t)}, & \text{若 } j \neq tabu_k, \text{且 } s[i][j] \neq 0 \\ 0, & \text{否则} \end{cases} \tag{7-17}$$

一次迭代结束后,各路径上的信息素浓度需要做出重新调整:

$$t_{ij}(t+1) = \begin{cases} (1-\rho) \times \tau_{ij}(t) + \rho \times \Delta\tau_{ij}, & \text{若 } s[i][j] \neq 0 \\ (1-\rho) \times \tau_{ij}(t), & \text{否则} \end{cases} \tag{7-18}$$

其中,$\Delta\tau_{ij}$ 代表蚂蚁释放在路径 (i,j) 上的信息量之和,并且 $\Delta\tau_{ij} = \sum\limits_{k=1}^{m} \Delta\tau_{ij}^{k}$。那么留在路径 (i,j) 上的信息量 $\Delta\tau_{ij}^{k}$ 为

$$\Delta\tau_{ij}^{k} = \begin{cases} \dfrac{Q \times (\dfrac{\bar{d}_{ij}}{d_{ij}})}{L_k}, & \text{若蚂蚁 } k \text{ 经过 } (i,j), \text{且 } s[i,j] \neq 0 \\ 0, & \text{否则} \end{cases} \tag{7-19}$$

式(7-19)显示,每只搜索蚁根据侦察素只在可能是最优解组成部分的路径上留下适量的信息素。是否为最优解的组成部分由 $s[i,j]$ 是否为 0 决定。

7.3.3.2　自适应多态蚁群竞争策略

为了充分发挥搜索蚁和侦察蚁的作用,促进多态蚁群算法与免疫算法更好的融合,保证改进后算法的最优性,引入了自适应多态蚁群竞争策略,合理分配两种蚁群个数,并根据循环结果随时调节。

首先,设置竞争策略函数为

$$P_g = F(X) = \int_{-\infty}^{X} f(x)\,\mathrm{d}x \tag{7-20}$$

其中,$f(x)$ 为正态分布概率密度函数,公式为

$$f(x) = \frac{1}{\sigma\sqrt{2\pi}} \mathrm{e}^{\frac{-(x-\mu)^2}{2\sigma^2}} \tag{7-21}$$

其中,σ 是标准方差;μ 是数学期望值。因符合标准正态分布,取 $\mu=0$,$\sigma=1$。搜索开始时,侦察蚁个数 $m_0 = m \times P_g$ 与搜索蚁个数 $m_1 = m \times (1-P_g)$ 相同,则变量 $X=0$,$P_g=0.5$。每完成一次迭代,式(7-20)中 X 按照搜索结果进行更新。

接下来,设置调节方式。其中用 APL(The average path length)表示蚁群搜索的平均路径长度。设置一个常量为 $k_0(1 < k_0 < 1.005)$。

(1)当 $\mathrm{APL}_{侦察蚁} < k_0 \times \mathrm{APL}_{搜索蚁}$ 时,可以看出侦察蚁搜索的平均路径长度更短,其搜索最佳路径的能力比搜索蚁更优,依照式(7-22)更新 X 为

$$X = X + \frac{\sigma}{(\sigma + b_1)} \tag{7-22}$$

其中,b_1 为一个常量,取为 100。此时 X 增大,P_g 也随之增大,那么下一轮增加侦察蚁的个数。

(2)当 $\mathrm{APL}_{侦察蚁} > k_0 \times \mathrm{APL}_{搜索蚁}$ 时,同理可以看出搜索蚁搜索最佳路径能力更强,依照式(7-23)更新 X 为

$$X = X - \frac{\sigma}{(\sigma + b_1)} \tag{7-23}$$

此时 X 减少,P_g 也随之减少,那么下一轮增加搜索蚁的个数。

(3)当 $\mathrm{APL}_{侦察蚁} = k_0 \times \mathrm{APL}_{搜索蚁}$ 时,两种蚁群搜索能力持平,依照等式方式更新 X。此时,两种蚁群个数与上一代保持一致即可。

为了避免其中一种蚁群完全消失,可采用 $P_{g_{max}} - P_{g_{min}}$ 进行调节,如式(7-24)所示。

$$P_g = \begin{cases} P_{g_{\min}}, P_g \leqslant P_{g_{\min}} \\ P_g, P_{g_{\min}} \leqslant P_g \leqslant P_{g_{\max}} \\ P_{g_{\max}}, P_g \geqslant P_{g_{\min}} \end{cases} \tag{7-24}$$

将此竞争策略应用于改进的新算法中,便于进一步更好地改善云数据库动态路径优化的效果。

7.3.3.3 基于免疫多态蚁群算法的云数据库动态路径优化步骤

1. 算法设计思想

免疫多态蚁群优化算法(Immune polymorphic ant colony optimization algorithm, IPACO)的基本思想是首先按照分组多态蚁群算法的思想将用于在云数据库中进行动态路径规划的蚂蚁分成两类,其中侦察蚁以云数据库中被放置的每个节点做局部侦察,并留下侦察素。而根据多态蚁群算法进行全局搜索的速度相对较慢,融合具有快速随机的全局搜索能力的人工免疫法改进蚁群算法中搜索蚁的职能部分。搜索蚁根据侦查蚁留下的侦查素采用人工免疫算法,进行全局搜索。把搜索蚁认为可能是最优解的路径看作抗体,计算抗体与抗原的亲和力(匹配程度),优胜劣汰,选出亲和力好的作为新的抗体,获得较优可行解,生成信息素初始分布,搜索蚁再根据侦查素和信息素,求解优化,提高求解效率。改进后的模型有利于寻找较优可行解,并提高求解效率,能有效地改善云数据库动态路径查询中需要解决的算法的收敛速度和最优解的全局性两大问题,实现计算资源负载均衡。

2. 云数据库动态路径优化步骤

免疫多态蚁群优化算法步骤如下:

步骤1:搜索开始前,分别在云数据库 m 个节点上放置 m 只侦查蚁。每只侦查蚁在所在数据库节点局部范围内,评估其邻居云数据库节点的资源利用率,并结合先验知识,构成侦察素 $s[i][j]$,在这里 $s[i][j]$ 表示节点 s 通过节点 i 选择使用节点 j 资源的概率。$s[i][j]$ 计算公式见(7-25),其中 $i,j = 0,1,2,\cdots,m-1$,且 $i \neq j$。

$$s[i][j] = \frac{\delta_{ij}}{\bar{\delta}_{ij}} \tag{7-25}$$

步骤2:每当用户 U 在平台上搜索时,向源节点 N_s 提交搜索任务 Q。源节点 N_s 便在邻居表 η 中进行检测,若未发现邻居节点,则将任务 Q 暂放到 N_s 中。

步骤3:设置初始时刻各条路径上的信息量。

$$t_{ij}(0) = \begin{cases} C \times s[i][j], 若\, s[i][j] \neq 0 \\ C \times \dfrac{\bar{\delta}_{ij}}{\underline{\delta}_{ij}}, 否则 \end{cases} \tag{7-26}$$

步骤 4：在搜索开始前，调入自适应多态蚁群竞争策略，$P_g = F(X) = \int_{-\infty}^{X} f(x) dx$ 可随时调节两种蚁群个数。

步骤 5：利用 N_s 的蚂蚁调度模块 AS 生成搜索蚁 ANT_s，搜索蚁根据侦查蚁在 m 个云数据库节点留下的侦查素选择最为可能的最优路径，并大致计算出信息搜索任务 Q 的计算量，记录为 $\delta(Q)$；假设搜索周期 TTL 为 0，通过计算网格规模，得出最长周期 TTL_{max}；计算出生成搜索蚁的源节点 N_s 的可用搜索能力和 N_s 预计开启下一信息搜索任务的时间 T_1，然后放入到 ANT_s 的禁忌表 $tabu(ANT_s)$ 中。

步骤 6：从人工免疫的角度设计搜索蚁的搜索部分。将禁忌表中 ANT_s 搜索蚁（m 只）走过的路径（即搜索蚁认为可能是最优解的路径）视为抗体 a，那么抗体种群 Ab 可以表示为 $Ab = [a_1, a_2, \cdots, a_m]$，$m$ 为抗体的个数，即搜索蚁的个数；抗原为路径长度最短的抗体，即搜索蚁搜索过程中实际最快到达云数据库的路径。其中表示抗体与抗原匹配程度的参量为亲和度。亲和度函数定义为

$$\text{affinity}(a_i) = \frac{[F - \text{dist}(a_i)]}{\left[\sum_{j=1}^{m}(F - \text{dist}(a_j)) + \varepsilon\right]} \tag{7-27}$$

其中，$\text{dist}(a_i)$ 为抗体 a_i 的路径长度；F 为所有抗体中的最长路径，$F = \max(\text{dist}(a_1), \text{dist}(a_2), \cdots, \text{dist}(a_m))$；为了防止后期搜索任务中最短路径趋于相同，亲密度饱和，在分母上加入系数 $\varepsilon(0 < \varepsilon < 1)$。$\text{affinity}(a_i)$ 越大，表明抗体与抗原匹配程度越大，越可能为最短路径。

步骤 7：优化禁忌表中的抗体，从而产生新抗体。新抗体选择过程：根据计算出的亲和度，将匹配程度大的抗体放入记忆抗体库 N_{Ab} 中，同时比较优化后的抗体与原有抗体的，若路径长度更短，则替换原来的抗体。

步骤 8：抗体选择。新产生的抗体按照亲和力匹配程度从高到低排列在禁忌表中，从中选择出前 N 个组成新的抗体群，然后转至步骤 6，循环优化。

步骤 9：同时初始化参数 τ_C、τ_G、m_1、m_2。根据步骤 5 获得较短搜索路径，并更新信息素，即

$$\tau_{ij}(0) = \begin{cases} \tau_C + \tau_G, m_1 \neq m_2 \\ \tau_C, 否则 \end{cases} \tag{7-28}$$

其中，τ_C 是信息素常数；τ_G 是免疫多态蚁群算法结果信息素的转化值；m_1 是目前侦查蚁

个数；m_2 是目前搜索蚁蚁个数。新抗体群形成的同时，对信息素进行更新。

步骤 10：n 个时刻后，m 只搜索蚁结束搜寻云数据库各节点。计算抗原的最终函数值 $L_k(k=1,2,\cdots,n)$，从而输出最优解。

步骤 11：保留精英搜索蚂蚁。精英蚂蚁的保留策略如下：

If $\text{VTL}_{\text{tabu\_list}}(1) < \text{VTLM}_{\text{Ab}}(1)$

将 $\text{VTL}_{\text{tabu\_list}}(1)$ 对应的个体替换 M_{Ab} 中最差的个体；

　　end

for $i = 2:1:L$

If $\text{VTL}_{\text{tabu\_list}}(i) < \text{VTLM}_{\text{Ab}}(i) \,\&\, \text{VTL}_{\text{tabu\_list}}(i) \neq \text{VTLM}_{\text{Ab}}(i-1)$

将 $\text{VTL}_{\text{tabu\_list}}(i)$ 对应的个体替换 M_{Ab} 中第 i 差的个体；

　　else if $\text{VTL}_{\text{tabu\_list}}(i) \neq \text{VTLM}_{\text{Ab}}(i) \,\&\, \text{VTL}_{\text{tabu\_list}}(i)$

$\neq \text{VTLM}_{\text{Ab}}(i-1) \,\&\, \text{VTL}_{\text{tabu\_list}}(i) < \text{VTLM}_{\text{Ab}}(i+1)$

将 $\text{VTL}_{\text{tabu\_list}}(i)$ 对应的个体替换 M_{Ab} 中第 i 差的个体；

　　end

end

7.4　基于免疫多态蚁群算法的云数据库动态路径规划仿真

为了更好验证改进后的免疫多态蚁群算法在云数据库动态路径查找过程中的有效性，本书选择国际上认可的 TSPLIB 测试库中的实例进行仿真实验。分别对引入自适应多态蚁群竞争策略的多态蚁群算法、利用人工免疫算法改进的免疫多态蚁群算法以及免疫多态蚁群算法在云数据库路径查找中与其他算法在平均吞吐量及分组延迟中的比较进行仿真分析。前两者的实验仿真软件为 MATLAB 2021；后者选择 South California University ISI 研究院的 NS－2 作为该实验模拟平台。

7.4.1　自适应多态蚁群竞争策略仿真分析

本书选择 TSP 问题中典型的 Att48、St70、Lin105、Ch150 四个实例中的数据集，基于不同 P_g 值进行 40 次测试，目的在于验证多态蚁群及自适应竞争策略是否能有效提升搜索能力，其中 $\alpha=1$，$\beta=5$，$Q=50$。$P_g=0$ 表示只有搜索蚁群的多态蚁群算法，$P_g=1$ 表示具有侦察蚁群的多态蚁群算法，adaptive P_g 表示采用自适应多态蚁群竞争策略的多态蚁群算法，P_g 初始值设为 0.5，最大循环次数设为城市数的 4 倍。

具体实验结果见表 7 - 1。N_{best} 为在实验迭代次数内,获得最优解的次数;MTL(Maximal Value of Tour Length)为最长路径值;MITL(Minimal Value of Tour Length)为最短路径值;METL(Mean Value of Tour Length)为路径均值;σ 为平均误差(%), $\sigma =$

$$\frac{\sum_{i=1}^{30} (S_{Ti} - S_0)}{30S_0} \times 100\%$$ (其中 S_{Ti} 是第 i 次的最短路径,S_0 是已知最短路径)。基于不同 P_g 的对比见表 7 -5。

表 7 - 5　基于不同 P_g 值的测试实例(测试 40 次)

ProblemS$_0$	Method	N_{best}	MTL	MITL	METL	σ
Att48 33 524	$P_g = 0$	4	33 784	33 524	33 652	0.38
	$P_g = 1$	2	33 784	33 524	33 613	0.26
	adaptive P_g	7	33 783	33 524	33 576	0.15
St70 678.597 5	$P_g = 0$	5	687	677	681	0.32
	$P_g = 1$	6	688	677	680	0.25
	adaptive P_g	7	687	677	679	0.08
Lin105 14 382.996	$P_g = 0$	2	14 574	14 383	14 458	0.52
	$P_g = 1$	2	14 582	14 383	14 447	0.45
	adaptive P_g	8	14 482	14 383	14 398	0.10
Ch150 6 110.9	$P_g = 0$	0	6 284	6 125	6 191	1.32
	$P_g = 1$	0	6 299	6 178	6 289	1.76
	adaptive P_g	2	6 254	6 111	6 160	0.80

从图 7 - 7 和表 7 - 5 显示的对比数据可知,采用 adaptive P_g 的多态蚁群算法在收敛速度及收敛精度上有所提高,并且优于 $P_g = 0$ 和 $P_g = 1$ 的多态蚁群算法,因为其综合了侦察蚁和搜索蚁各自的优势,并且应用自适应竞争策略合理调节两种蚁群的个数,保证全局和局部的平衡。

7.4.2　免疫多态蚁群算法路径优化仿真分析

针对改进的免疫多态蚁群算法是否能够达到更加快速搜索全局最优解的效果,本

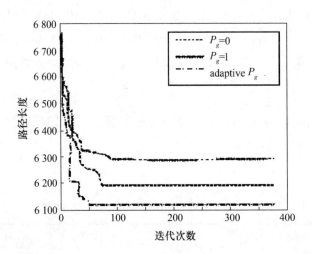

图 7 - 7　基于不同 P_g 值的收敛过程对比（Ch150）

书选用 TSP 问题中的 Oliver10 作为仿真实例，TSP 问题常常被用于验证某一算法的有效性。Oliver10 的坐标数据如下：横坐标 $x = \{510820612193025\}$；纵坐标 $y = \{20212163203035208\}$。其已知最短路径长度为 106.740。

用 Matlab 2021 分别对改进后的免疫多态蚁群算法和基本蚁群算法进行仿真实验，实验中，取 $\alpha = 1, \beta = 3, \rho = 0.3, Q = 50$。实验结果见表 7 - 6，两种算法路径进化对比如图 7 - 8、图 7 - 9 所示。迭代次数的结果为经过 10 次实验得出的结论。

表 7 - 6　基本多态蚁群算法、免疫多态蚁群算法的实验结果比较

最短路径长度	迭代次数（免疫多态）	迭代次数（基本多态）	时间比（免疫多态/基本多态）
108.324	9	18	1∶1
107.746	14	29	1∶3
107.193	28	47	1∶3
106.740	32	58	1∶4

从表 7 - 6 中可以看出，用免疫多态蚁群算法，平均 32 代就能得到最优解 106.740，而用基本多态蚁群算法平均 58 代才能得到，且时间要远比免疫多态蚁群算法长。从仿真曲线也可以看出，基本多态蚁群算法迭代不稳定，且迭代次数多。改进后的免疫多态蚁群算法迭代次数明显减少，算法稳定，易于收敛，而且能够快速找到满意解。所以改进后的免疫多态蚁群算法能有效地解决算法的收敛速度和最优解的全局最优问题。

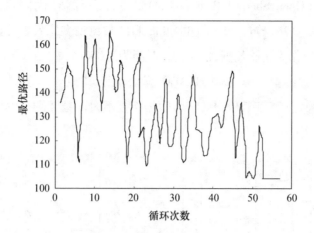

图 7-8　基本多态蚁群路径进化曲线图

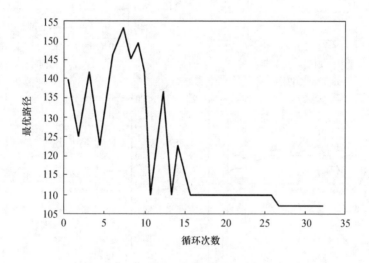

图 7-9　免疫多态蚁群路径进化曲线图

7.4.3　免疫多态蚁群算法仿真实验结果分析

　　针对本书研究对象是云数据库,而非一般性数据库的特点,仿真需要进一步考虑到云数据库的特性。然而一个数据网路的作用取决于许多以非线性和不可预的方式相互作用的组成部分,所以选择一个有意义的测试环境是非常困难的。遵循的方法就是定义一个可调成分的各种分类组成的有限集合。该实验模型选择 South California University ISI 研究院的 NS-2 作为该实验平台。选用吞吐量及数据分组延迟作为对新算法有效性的衡量标准,并且选择了通信网络中三个比较有代表性的优秀路由算法:开放式最短路径优先算法（Open Shortest Path First, OSPF）、最短路径优先算法（Shortest Path First, SPF）以及 FR 算法（Flow - based Routing, FR）与免疫多态蚁群算法进行对比。取 30 次实验的平均值作为实验数据，每次仿真时间为 1 000 个虚拟秒。

从图 7 - 10 的实验结果来看，IPACO 算法优于其他 3 种算法，吞吐量保持在 1 000 kb/s，相对稳定；OSPF、SPF、FR 三者数据相差不大，明显低于 IPACO。

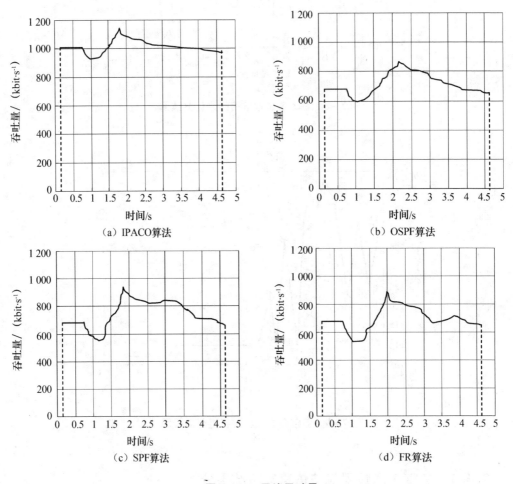

图 7 - 10　平均吞吐量

从图 7 - 11 的实验结果来看，免疫多态蚁群算法（IPACO）的分组路由的时间延迟最低，比其他三个算法性能更优。其中 FR 和 SPF 的延迟较高。

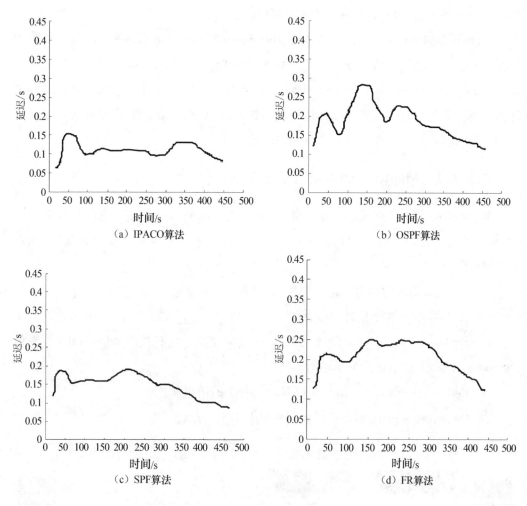

图 7－11　分组延迟的经验分布

7.5　基于 Hadoop 的联盟知识管理平台知识应用层设计

7.5.1　Hadoop 核心技术

7.5.1.1　HDFS 分布式文件系统

随着用户所拥有的数据不断增加,存储需求也在不断扩大,单一物理计算机的容量已无法承载这些需求。针对以上问题,分布式存储这一新技术逐渐映入人们眼球。分布式文件系统,简而言之,就是管理分布式存储的文件系统,它将用户的数据分类归纳,分别存储到若干台计算机上。分布式文件系统更加复杂,它不同于普通文件管理系统,需要引入网络编程,负责计算网络中所有存储。

Hadoop 中的文件分布系统(Hadoop Distributed File System,HDFS),就是一种管理网络中跨多台计算机存储的分布式文件系统。HDFS 可以说是 Google 的分布式文件系统(Google File System,GFS)的 Java 开源实现,被大部分 IT 厂商用于解决其各自云计划中数据存储问题。它不仅具有高容错性和可扩展性,可以部署在廉价的普通商业机器上,还具备高吞吐量,适合处理大规模数据访问。

7.5.1.2　MapReduce 并行计算框架

MapReduce 是云计算核心计算模型,Hadoop 有望将其开源实现。它的特点在于高效、分布式计算,并同时能够处理和生成大规模数据集。执行流程分为五部分,如图7-12所示。

(1)Input:对输入的数据源进行切片,划分成若干独立数据块。

(2)Map:调用 worker 执行 Map 函数。

(3)Shuffle 与 Sort:Shuffle 阶段为 Reduce 读取输入与之有关的 < key, value > 键值对;Sort 阶段,按照键值进行分组输出。

(4)Reduce:执行 Reduce 函数读取 Map 的任务的输出文件。

(5)Output:将 Reduce 输出的结果保存到 HDFS。

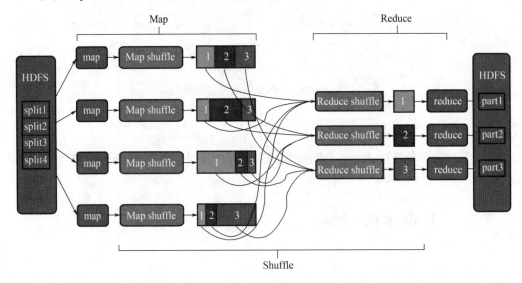

图 7 - 12　MapReduce 执行流程

7.5.2　基于 Hadoop 的平台控制层设计

系统控制层是衔接知识应用层和知识资源层的桥梁。根据成员在服务层的请求,系统控制层将采取一系列措施调用知识资源层中的云知识资源库。

控制层主要负责相应的逻辑处理、数据库操作及控制运算等工作,当 MMCA 联盟成员企业共同合作一个云计算项目时,要保证协同工作流程的正常进行,那么每个成员对知识的请求都是巨大的,因此在对于控制层的设计时除了要考虑完善基本功能,还要充分考虑其高并发处理特性及高可靠性。

本书采用 Hadoop 开源分布式架构中的分布式文件系统 HDFS 及 MapReduce 并行计算等技术来满足平台的要求。系统控制层由三个模块组成:调用 HDFS 存取文件,启动 MapReduce 计算及知识共享管理,如图 7 - 13 所示。

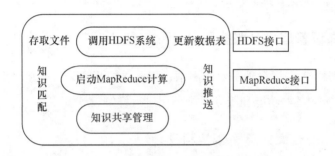

图 7 - 13　基于 Hadoop 的平台控制层结构

1. 调用 HDFS 存取文件

MMCA 成员企业通过平台客户端以 http 的方式上传知识文件,HDFS 模块则会启动线程接收文件,然后调用 HDFS 的写文件 API 把知识文件存储到 HDFS 上,并更新数据表 FileInfo。当客户端想要获取文件时,该模块会启动线程查询数据表 FileInfo,从 HDFS 中取出文件并把文件返回给客户端。

2. 启动 MapReduce 计算

服务层和知识资源层之间的路径匹配服务和知识推送任务都是由控制层调用 MapReduce 的 API 实现的。

(1)路径匹配。当 MMCA 成员在平台上进行知识检索时,控制层默认服务层发出了路径匹配请求,该模块会从数据表 UserInfo 中寻找 UserID,验证用户的身份,如果身份验证没有成功,则返回上一层注册;如果 ID 未登录则返回上一层进行登录;身份核实正确便启动 MapReduce 运算模块调用自适应免疫多态蚁群算法对资源层的云数据库路径进行匹配,然后把运算结果返回平台客户端。

(2)知识推送。MMCA 成员有时会在平台上进行知识订阅,同路径匹配时一样也会核实成员身份,接着对请求启动 MapReduce 运算,把运算结果返回给客户端;同时 HDFS

会存储每个成员的知识订阅信息、知识检索信息及知识浏览记录,并由 MapReduce 进行运算,得到每个成员的知识需求结果。当某一成员存储某知识文件到 HDFS 中,更新了数据表 FileIndo,上传到资源层的数据库中,MapReduce 模块会启动计算,检测得到的运算结果是否与记录中某一成员知识需求结果一致,如果一致就把结果反馈给成员,向其进行知识推送。

3. 知识共享管理

此模块是用于控制调用 MMCA 知识管理平台除知识发布、文件存储、知识检索匹配、知识推送之外的其他功能模块的,包括成员注册和登录、成员信息更新,知识检索记录、知识交流论坛、项目管理模块等。

7.5.3 知识管理平台服务层设计

成员通过 MMCA 知识管理平台调用系统服务层的 WebService 接口完成各种服务请求,下面根据系统的各种功能和服务对服务层进行详细设计。

7.5.3.1 平台服务层整体结构设计

MMCA 知识管理平台服务层整体结构如图 7 - 14 所示。

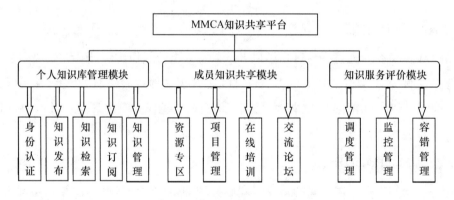

图 7 - 14 平台服务层整体架构

7.5.3.2 平台服务层各功能模块设计

MMCA 知识管理平台服务层分为三个主要功能模块:个人知识库管理模块、成员知识共享模块、知识服务评价模块。

1. 个人知识库管理模块

用于企业个人知识操作的模块,主要由身份认证、知识发布、知识检索、知识订阅、知识管理等功能组成。

（1）身份认证：包括注册与登录 MMCA 知识管理平台的企业用户名和密码，其中包括企业资料的补充与填写。帮助使用者向其他成员介绍自己的企业，在促进站内各成员之间的相互了解的同时保护企业用户信息的安全。

（2）知识发布：包括成员可共享给联盟的各类型知识，如文章、视频、词条等。

（3）知识检索：成员通过知识检索可获取所需要的知识，包括简单检索、高级检索。

（4）知识订阅：成员如果通过检索没能获取所需知识，可进一步对知识进行订阅，当有其他成员发布相关知识时，平台会在企业个人知识库里进行提醒。

（5）知识管理：用于管理成员自身企业知识的功能模块，可以查看、修改自己上传的知识，浏览记录等。

2. 成员知识共享模块

用于进行成员间知识交流的模块，主要由资源专区、项目管理、在线培训、交流论坛等功能组成。

（1）资源专区：MMCA 所有成员企业在平台上传的全部知识资源的整合，包括文章、视频、条目、企业案例等等。

（2）项目管理：当联盟成员统一参与一个云计算项目的开发时，可以统一进入此模块进行交流，包括成员的协同工作流程、项目管理目标、项目需求信息分析、项目知识的发布等。

（3）在线培训：可通过聘请相关知识专家为 MMCA 成员进行在线培训，使成员获取更多的知识。

（4）交流论坛：用于成员间进行知识交流的功能模块，可以促进联盟隐性知识的显性化。

3. 知识服务评价模块

用于后台监督联盟成员、衡量平台质量的功能模块，主要由调度管理、监控管理、容错管理等功能组成。

（1）调度管理：用于对联盟知识共享进度进行管理，包括计划、实施、检查、总结循环活动的管理。

（2）监控管理：按照预先设定的联盟守则对联盟成员知识共享的进程进行监督，判断是否合理。

（3）容错管理：判断平台系统是否稳定，当平台服务器发生故障时，可自动控制。

7.6 本章小结

本章首先分析了 MCCA 的内涵、特征以及 IT 产业联盟成员运用平台进行知识管理的过程,从而确定平台的需求,并利用基于回归分析和敏捷思想的方法进行知识管理平台的需求建模;分析出 MCCA 知识管理平台层次体系,针对各层次构建平台整体的架构模型。

其次,针对数据库进行设计,完成数据服务层的构建。进行 MCCA 知识管理平台云数据库的分析,根据分析进行云数据库总体架构的设计,充分利用云计算的特点将云数据库中的动态知识资源进行虚拟化,包括服务器及存储的虚拟化;提出基于免疫多态蚁群算法的云数据库动态路径优化模型,更好地进行知识资源的快速共享;针对改进算法进行仿真实验。

最后,针对平台主要功能进行设计,完成知识应用层的构建。分析 Hadoop 的核心体系架构,对基于 Hadoop 的知识管理平台控制层、知识管理平台服务层进行设计。

结　　论

针对移动云联盟在快速变化的市场环境中如何实现知识优势互补、优化产业知识结构、提升产业竞争实力等关键问题,提出一种基于云计算环境的以移动互联网企业为主体、以知识需求为主线、以企业间知识整合、利用及创新为主要知识交流合作模式的新兴产业组织形式——移动云联盟,在此背景下,并基于此深入研究联盟知识整合、利用及创新的运行机制。通过本书的研究取得了如下创新性成果:

(1)从交易成本与资源观视角研究 MCCA 产生动因,分析联盟知识管理的内涵、知识类型、知识管理特征,构建 MCCA 知识合作价值网竞合协同演化的动力学模型,在此基础上给出 MCCA 知识整合、利用及创新机制的总体框架。

(2)从 MCCA 知识整合内涵出发,结合移动云计算联盟的特点并基于知识生态视角,在移动云计算联盟知识整合过程中,将知识整合分为知识识别、知识搜索和知识匹配三个环节。在构建联盟知识地图基础上,建立了基于 MapReduce 的粒子群移动云计算联盟知识搜索模型,基于知识本体语义的相似度计算模型,完成联盟知识整合。

(3)将 MCCA 知识利用过程分为知识推荐、知识转移与共享三个环节。建立了基于灰色关联度聚类与标签重叠的协同过滤的知识推送模型。构建了 MCCA 知识的 SE - IE - CI 转移模型以及联盟发展不同阶段的知识转移模型。构建了联盟知识共享的委托代理模型,完成联盟知识共享活动。

(4)分析 MCCA 知识创新的过程,构建了知识创新的螺旋转化 SECIs 模型与知识创新的四螺旋模型,以说明 MCCA 知识创新过程。运用知识发酵理论,明确知识转化内涵与要素,建立了 MCCA 知识发酵模型,说明联盟知识创新原理。

(5)构建了 MCCA 知识管理效果的评价体系。从联盟成员指标、联盟整体指标、云计算技术指标三个方面,建立 MCCA 知识管理效果评价指标体系。利用 D - S 证据推理理论构建了能实现定量指标和定性指标相结合的知识管理效果评价方法。

参 考 文 献

[1] CHUN B G, MANIATIS P. Augmented smartphone applications through clone cloud execution[C]. Proceedings of HotOS 09: 12th Workshop on Hot Topics in Operating Systems, Monte Verità, Switzerland, 2009: 1 - 5.

[2] HUANG D, ZHANG X, KANG M, et al. Mobile cloud: A secure mobile cloud framework for pervasive mobile computing and communication[C]. Proceedings of 5th IEEE International Symposium on Service - Oriented System Engineering, United Kingdom, 2010: 156 - 161.

[3] LIANG H, HUANG D, PENG D. On economic mobile cloud computing model[C]. Proceedings of the International Workshop on Mobile Computing and Clouds (MobiCloud in conjunction with MobiCASE), United Kingdom, 2010: 78 - 85.

[4] GUIYI W, ATHANASIOS V V, YAO Z, et al. A game - theoretic method of fair resource allocation for cloud computing services[J]. The Journal of Supercomputing, 2010, 54(2): 252 - 269.

[5] KOVACHEV D, CAO Y, KLAMMA R, et al. Augmenting pervasive environments with an XMPP-Based mobile cloud middleware[C]. Mobile Computing, Applications, and Services. MobiCASE 2010, Berlin, Heidelberg, 2010: 361 - 372.

[6] ITANI W, KAYSSI A, CHEHAB A. Privacy as a service: Privacy - Aware data storage and processing in cloud computing architectures[C]. 2009 Eighth IEEE International Conference on Dependable, Autonomic and Secure Computing, Chengdu, China, 2009: 711 - 716.

[7] MOWBRAY M, PEARSON S. A client-based privacy manager for cloud computing[C]. Proceedings of the Fourth International ICST Conference on COMmunication System softWAre and middlewaRE, New York, USA, 2009: 1 - 8.

[8] ROCHWERGER B, BREITGAND D, LEVY E, et al. The Reservoir model and architecture for open federated cloud computing[J]. IBM journal of research and development, 2009, 53(4): 4 - 11.

［9］VERBELEN T, STEVENS T, DE TURCK F, et al. Graph partitioning algorithms for optimizing software deployment in mobile cloud computing［J］. Future generation computer systems, 2013, 29(2):451 –459.

［10］CHANGBOK, CHANG H, KANG Y, et al. Filtering Technique on Mobile Cloud Computing［J］. Energy Procedia, 2012(16):1305 –1311.

［11］CHANGBOKA, CHANG H, AHN H, et al. Efficient context modeling using OWL in mobile cloud computing［J］. Energy Procedia, 2012(16):1312 –1317.

［12］WANG L, CUI Y, STOJMENOVIC I, et al. Energy efficiency on location based applications in mobile cloud computing:A survey［J］. Computing. Archives for Informatics and Numerical Computation, 2014, 96(7):569 –585.

［13］CHUN B, MANIATIS P. Dynamically partitioning applications between weak devices and clouds［C］. Proceedings of the 1st ACM Workshop on Mobile Cloud Computing & Services:Social Networks and Beyond, New York, USA, 2010:1 –5.

［14］CHUN B G, IHM S, MANIATIS P, et al. Clone Cloud:Boosting mobile device applications through cloud clone execution［C］. The 1st ACM Workshop on Mobile Cloud Computing & Services:Social Networks and Beyond, San Francisco, USA, 2010:1 –14.

［15］BENNY R, DAVID B, ELIEZER L, et al. The Reservoir model and architecture for open federated cloud computing. ［J］. IBM Journal of Research and Development, 2009, 53(4):1 –11.

［16］HASSAN T, JAMES B. Semantic-based policy management for cloud computing environments ［J］. International Journal of Cloud Computing, 2012(1):119 –144.

［17］TUSHAR K. Survey on Security, Storage, and Networking of Cloud Computing ［J］. International Journal on Computer Science and Engineering, 2012, 4(11):1780 –1785.

［18］SRINIVASU S, KRISHNA K, CHAITABYA K, et al. An initial approach to provide security in cloud network ［J］. International Journal of Advanced Research in Computer Engineering & Technology, 2012, 1(5):70 –74.

［19］ROCHWERGER B, BREITGAND D, LEVY E, et al. the Reservoir model and architecture for open federated cloud computing［J］. IBM Journal of Research and Development, 2009, 53(4):1 –17.

［20］BUYYA R, RANJAN R, CALHEIROS R N. InterCloud:Utility –Oriented federation of cloud computing environments for scaling of application services[C]. Busan, Korea, 2010:13 – 31.

[21]ROWSTRON A. Pastry:Scalable, distributed object location and routing for large-scale peer – to – peer systems[J]. Middleware, 2001, 2218(10):329 – 350.

[22]BIRMAN K, CHOCKLER G, RENESSE R. Toward a cloud computing research agenda [J]. SIGACT News, 2009, 40(2):68 – 80.

[23]VAQUERO L, RODERO M L, CACERES J. A break in the clouds:Towards a cloud definition [J]. ACM SIGCOMM Computer Communication Review, 2009, 39(1):50 – 55.

[24]LI K, XU G, ZHAO G, et al. Cloud Task Scheduling Based on Load Balancing Ant Colony Optimization[C]. Proceedings of 6th Annual China Grid Conference, 2011:3 – 9.

[25]BRUNEO D, LONGO F, PULIAFITO A. Modeling Energy – Aware cloud Alliances with SRNs [M]. Berlin Heidelberg:Springer, 2012:277 – 307.

[26]IDZIOREK J, TANNIAN M. Exploiting cloud utility models for profit and ruin[C]. IEEE International Conference on Cloud Computing, China, 2011:33 – 40.

[27]LARSSO L, HENRIKSSON D. Scheduling and monitoring of internally structured services in cloud Alliances[C]. Computers and communications (ISCC), United Kingdom, 2011:173 – 178.

[28]XIAOYU Y, NASSER B, SURRISGE M. A business-oriented cloud Alliance model for realtime online interactive application [J]. Future Generation Computer Systems, 2012, 28(8):1158 – 1167.

[29]黄兆良.知识及其物化[J].资源科学,2001,23(4):14 – 20.

[30]邱均平.知识管理学[M].北京:科学技术文献出版社, 2006.

[31]PEDRO L S, NAVAS J E L, GREGORIO M C, et al. External knowledge acquisition processes in knowledge - intensive clusters [J]. Journal of Knowledge Management, 2010, 14(5):690 – 707.

[32]BELL V A, COOPER S Y. Acquisition of knowledge in networking for internationalization new technology-based firms in the new millennium [M]. Emerald Group Publishing Limited, 2015:29 – 53.

[33]LIAO Y, BARNES J. Knowledge acquisition and product innovation flexibility in SMEs [J]. Business Process Management Journal, 2015, 21(6):1257 – 1278.

[34]SHAHZAD K, BAJWA S U, SIDDIQI A F I, et al. Integrating knowledge management

（KM）strategies and processes to enhance organizational creativity and performance [J]. Journal of Modelling in Management, 2016, 11(1):154 – 179.

[35]LIU Y X, RAFOLS I, ROUSSEAU R. A framework for knowledge integration and diffusion [J]. Journal of Documentation, 2012, 68(1):31 – 44.

[36]TSAIA K H, LIAO Y C, VITAE, et al. Does the use of knowledge integration mechanisms enhance product innovativeness? [J]. Industrial Marketing Management 2015, 2015, 46(4):214 – 223.

[37]KOCH A. Firm-internal knowledge integration and the effects on innovation[J]. Journal of Knowledge Management, 2011, 15(6):984 – 996.

[38]REVILLA E, KNOPPEN D. Building knowledge integration in buyer – supplier relationships:The critical role of strategic supply management and trust [J]. International Journal of Operations & Production Management, 2015, 35(10):1408 – 1436.

[39]HU Y G, WEN J Q, YAN Y. Measuring the performance of knowledge resources using a value perspective:Integrating BSC and ANP[J]. Journal of Knowledge Management, 2015, 19(6):1250 – 1270.

[40]ISRAILIDIS J, SIACHOU E, COOKE L, et al. Individual variables with an impact on knowledge sharing:The critical role of employees' ignorance [J]. Journal of Knowledge Management, 2015, 19(6):1109 – 1123.

[41]SHARIFIRAD M S. Can incivility impair team's creative performance through paralyzing employee's knowledge sharing? A multi-level approach [J]. Leadership & Organization Development Journal, 2016, 37(2):22 – 26.

[42]NONAKA I, TAKEUCHI H. The knowledge – creating company:How Japanese companies create the dynamics of innovation[M]. New York:Oxford University Press, 1995: 25 – 29.

[43]SZULANSKI G. the Process of knowledge transfer:A diachronic analysis of stickiness [J]. Organizational Behavior and Human Decision Processes, 2000, 82(1):9 – 27.

[44]GILBERT M, CORDEY H M. Understanding t he process of knowledge transfer to achieve successful technological innovation [J]. Technovation, 1996, 16 (6): 301 – 312.

[45]ALBINO V, GARAVELLI A C, SCHIUMA G. Knowledge transfer and inter-firm relationships in industrial districts:The role of the leader firm [J]. Technovation, 1998, 19 (1):53 – 63.

［46］WANG J J, SHAO L S. Research of virtual enterprise knowledge management based on knowledge grid environment ［J］. Advances in Intelligent and Soft Computing, 2012 (111):401 - 405.

［47］ARAUJO, ANDRE L. Implementing global virtual teams to enhance cross-border trans-fer of knowledge in multinational enterprises:A resource-based view ［J］. International Journal of Networking and Virtual Organizations, 2009, 6(2):161 - 176.

［48］CHEN J, JIAO H, ZHAO X T. A knowledge - based theory of the firm:Managing inno-vation in biotechnology ［J］. Chinese Management Studies, 2016, 10(1):11 - 15.

［49］ANDREEVA T, KIANTO A. Knowledge processes, knowledge-intensity and innova-tion:A moderated mediation analysis［J］. Journal of Knowledge Management, 2011, 15 (6):50 - 57.

［50］GUAN J C, LIU N. Exploitative and exploratory innovations in knowledge network and collaboration network:A patent analysis in the technological field of nano - energy［J］. Research Policy Volume, 2016, 45(1):97 - 112.

［51］邓茹月,覃川,谢显中.移动云计算的应用现状及存在问题分析[J].重庆邮电大学学报(自然科学版),2012,24:716 - 721.

［52］吴卿,李镇邦,殷昱煜,等.面向移动云计算的自适应服务选择方法研究［J］.中国通信,2012(12):46 - 55.

［53］刘晓,蒋睿.移动云计算中弹性存储外包方案的安全性分析和改进[J].东南大学学报(英文版),2012,28:392 - 397.

［54］REN W, YU L, GAO R, et al. lightweight and compromise resilient storage outsourcing with distributed secure accessibility in mobile cloud computing ［J］. Tsinghua Science & Technology, 2011, 16(5):520 - 528.

［55］徐光侠,陈蜀宇.面向移动云计算弹性应用的安全模型[J].计算机应用,2011,31 (4):952 - 955.

［56］张兴旺,李晨晖.移动云计算环境下的数字图书馆云服务模式构建研究[J].情报理论与实践,2012,35(5):90 - 93.

［57］刘勇,周君平,李飞伯,等.基于移动云的虚拟化应用解决方案[J].信息安全与通信保密,2012(11):78 - 81.

［58］曾文英.面向移动环境的移动数据储存管理方法关键技术研究[D].广州:华南理工大学,2013:25 - 34.

［59］邓维维,彭宏,郑启伦.基于数据流的移动数据挖掘研究综述[J].计算机应用研究,

2007(01):5-9.

[60]张桂刚,李超,张勇,等.云环境下海量数据资源管理框架[J].系统工程理论与实践,2011,31(S2):28-32.

[61]张拥军,史殿习,肖玺,等.基于代理的移动云服务访问机制的研究与实现[J].计算机科学,2013,40(05):58-61.

[62]王渊明.云计算联盟式安全模型[J].浙江万里学院学报,2012(25):72-76.

[63]土崇霞,丁颜,刘倩,等.云计算环境的联盟身份认证方案设计[J].应用科学学报,2015,33(02):215-222.

[64]陈冬林,姚梦迪,桂雁军,等.基于蚁群算法的云计算联盟资源调度[J].武汉理工大学学报(信息与管理工程版),2014,36(03):337-340.

[65]陈玲,陈冬林,桂雁军,等.用户利益最大化的云计算联盟资源调度[J].武汉理工大学学报(信息与管理工程版),2014,36(03):369-373.

[66]张泽华.云计算联盟建模及实现的关键技术研究[D].昆明:云南大学,2010:140.

[67]杨新峰,刘克成.云计算联盟体系结构建模研究[J].微电脑应用,2012,28(3):23-25.

[68]张树臣,陈伟,高长元.创新联盟大数据服务交易模式及动态定价模型研究[J].情报杂志,2020,39(03):187-197.

[69]郎为民,杨德鹏,李虎生.中国云计算发展现状研究[J].技术交流,2011,(10):3-6.

[70]包东智.云计算产业市场发展及其应对策略[J].现代传输,2012(6):74-79.

[71]马柯航.虚拟整合网络能力对创新绩效的作用机制研究——知识资源获取的中介作用[J].科研管理,2015,36(8):60-67.

[72]刘艳艳,马鸿佳,侯美玲.基于过程观的新企业知识资源整合模型构建[J].情报杂志,2015,34(9):179-184.

[73]姜晓丽.面向高技术产业联盟自主创新过程的知识整合[J].图书情报工作,2011,55(18):92-97.

[74]陈龙波,赵永彬,李垣.企业并购中的知识资源整合研究[J].科学学与科学技术管理,2007,28(7):97-102.

[75]吴文清,张海红,赵黎明.基于学习的孵化器与创投协同知识创造资源转移研究[J].管理学报,2015,12(7):1038-1043.

[76]陈晓红,周源,苏竣.分布式创新、知识转移与开源软件项目绩效的关系研究[J].科学学研究,2016,34(2):228-235.

[77]邢青松,上官登伟,梁学栋,等.考虑知识多维属性特征的协同创新知识转移及治理模式[J].软科学,2016,30(2):50-54.

[78]杨建君,徐国军.战略共识、知识转移与组织学习的实证研究[J].科学学与科学技术管理,2016,37(1):46-54.

[79]刘戌峰,艾时钟.IT外包知识转移行为的演化博弈分析[J].运筹与管理,2015,24(5):82-90.

[80]赵炎,王琦,郑向杰.网络邻近性、地理邻近性对知识转移绩效的影响[J].科研管理,2016,37(01):128-136.

[81]王斌.基于知识转移存量的知识联盟演化机理模型研究[J].情报科学,2016,34(1):38-43.

[82]刘立,党兴华.知识价值性、企业权力对知识转移的影响研究[J].科研管理,2015,36(12):39-46.

[83]魏静,朱恒民,宋瑞晓,等.在线知识转移网络的演化规律实证分析[J].管理评论,2014,26(12):38-44.

[84]王铮.面向创新的开放知识管理若干理论问题研究[J].图书情报工作,2015,59(5):31-38.

[85]廖晓,李志宏,席运江.基于加权知识网络的企业社区用户创新知识建模及分析方法[J].系统工程理论与实践,2016,36(01):94-105.

[86]游静.损失厌恶对协同知识创新的影响研究[J].科研管理,2016,37(01):92-100.

[87]陈泽明,杨敏,何山.三维空间对企业内生创新的知识流溢出机理及其实证研究[J].软科学,2016,30(1):9-13.

[88]曹勇,蒋振宇,孙合林,等.知识溢出效应、创新意愿与创新能力——来自战略性新兴产业企业的实证研究[J].科学学研究,2016,34(01):89-98.

[89]高长元,张晓星,张树臣.多维邻近性对跨界联盟协同创新的影响研究——基于人工智能合作专利的数据分析[J].科学学与科学技术管理,2021,42(05):100-117.

[90]HOANG D T, NIYATO D, WANG P. Optimal admission control policy for mobile cloud computing hotspot with cloudlet[C]. 2012 IEEE Wireless Communications and Networking Conference (WCNC 2012), Paris, France, 2012:3145-3149.

[91]常德成.移动云计算环境下网络感知的虚拟机放置算法研究[D].长春:吉林大学,2014:9-10.

[92]李瑞轩,董新华,辜希武,等.移动云服务的数据安全与隐私保护综述[J].通信学报,2013,34(12):158-166.

[93]SHAHRYAR S Q, TOUFEEQ A, KHALID R. Mobile cloud computing as future for mobile Applications – Im – Plementation methods and challenging issues [C]. 2011 IEEE International Conference on Cloud Computing and Intelligence Systems, Beijing, China, 2011:467 – 471.

[94]周静珍,万玉刚.我国产科研合作创新的模式研究[J].科技进步与对策,2005,12 (3):70 – 72.

[95]OUCHI W G. Markets, bureaucracies, and clans[J]. Administrative Science Quarterly,1980,25(1):129 – 141.

[96]龙勇,赵艳玲.企业战略联盟组织模式选择模型及效率边界内涵研究[J].软科学, 2011,25(3):100 – 104.

[97]张树臣,高长元.高技术虚拟产业集群社会网络信任模式研究[J].管理学报,2013, 10(09):1301 – 1308.

[98]高长元,张树臣.基于复杂网络的高技术虚拟产业集群网络演化模型与仿真研究 [J].科学学与科学技术管理,2012,33(3):48 – 56.

[99]BARABASI A L, ALBERT R. Emergence of scaling in random networks[J]. Science, 1999, 286:509 – 512.

[100]MUROYA Y. Persistence and global stability in discrete models of Lotka – Volterra type [J]. Journal of Mathematical Analysis and Applications, 2007, 330 (1): 24 – 33.

[101]BISCHI G I, TRAMONTANA F. Three – dimensional discrete – time Lotka – Volterra models with an application to industrial clusters [J]. Communications in Nonlinear Science and Numerical Simulation, 2010, 15(10):3000 – 3014.

[102]张树臣,高长元.基于价值网的高技术虚拟产业集群合作与竞争协同演化研究 [J].软科学,2013,27(09):13 – 18.

[103]高长元,张树臣,杜鹏.一种新型的企业间组织——高技术虚拟产业集群[M].北 京:科学出版社, 2017:251 – 268.

[104]GAO C Y, ZHANG S C, ZHANG X X. The modeling and simulation of negotiation process for high – tech virtual enterprise based on UML and petri net[C]. 2010 Third International Symposium On Intelligent Information Technology And Security Informatics (IITSI 2010), Jinggangshan, China, 2010:455 – 459.

[105]ZHANG X X, GAO C Y, ZHANG S C. The niche evolution of cross – boundary innovation for Chinese SMEs in the context of digital transformation——Case study based

on dynamic capability[J]. Technology in society, 2022, 68:148 - 162.

[106]李玲,党兴华,贾卫峰.网络嵌入性对知识有效获取的影响研究[J].科学学与科学技术管理,2008,29(12):97 - 100.

[107]张星,蔡淑琴,夏火松,等.基于社会网络的企业知识管理系统框架研究[J].现代图书情报技术,2011,9(5):36 - 41.

[108]王众托.知识系统工程与现代科学技术体系[J].上海理工大学学报,2011,33(6):613 - 630.

[109]张树臣,陈伟,高长元.大数据环境下公共数字文化服务云平台构建研究[J].情报科学,2021,39(04):112 - 118.

[110]杨剑锋.蚁群算法及其应用研究[D].杭州:浙江大学,2007:32 - 36.

[111]李学明,李海瑞,薛亮,等.基于信息增益与信息熵的 TFIDF 算法[J].计算机工程,2012,38(8):37 - 40.

[112]刘庆和,梁正友.一种基于信息增益的特征优化选择方法[J].计算机工程与应用,2011,47(12):130 - 136.

[113]HU Y, LOIZOU P C. Speech Enhancement Based on Wavelet Thresholding the Multi-taper Spectrum[J]. IEEE Trans on Speech and Audio Processing, 2004, 12(1):59 - 67.

[114]廖子贞,罗可,周飞红,等.一种自适应惯性权重的并行粒子群聚类算法[J].计算机工程与应用,2007,43(28):166 - 168.

[115]RESNICK P, VARIAN H R. Recommender systems[J]. Communications of the ACM, 1997, 40(3):56 - 58.

[116]GUO S, WANG L. The analysis method of maximum based on degree of grey correlation[J]. Mathematics in Practice and Theory, 2013, 43(6):195 - 201.

[117]WANG W, WANG J. Hybrid recommendation method based on tag and collaborative filtering[J]. Computer Engineering, 2011, 37(14):34 - 38.

[118]黄创光,印鉴,汪静,等.不确定近邻的协同过滤推荐算法[J].计算机学报,2010,33(08):1369 - 1377.

[119]崔金栋,徐宝祥,王欣.知识生态视角下产学研联盟中知识转移机理研究[J].情报理论与实践,2013,36(11):36 - 39.

[120]ZHANG X X, GAO C Y, ZHANG S C. Research on the Knowledge - Sharing incentive of the Cross - Boundary alliance symbiotic system[J]. Sustainability, 2021, 13(18):10432.

［121］张晓星.跨界联盟协同创新网络运行机制研究［D］.哈尔滨:哈尔滨理工大学，2022:67－70.

［122］魏红梅，鞠晓峰.基于委托代理理论的企业型客户知识共享激励机制研究［J］.中国管理科学，2009(10):478－480.

［123］杨钢，薛惠锋.高校团队内知识转移的系统动力学建模与仿真［J］.科学学与科学技术管理，2009,30(06):87－92.

［124］杨波.系统动力学建模的知识转移演化模型与仿真［J］.图书情报工作，2010,54(18):89－94.

［125］王欣，孙冰.企业内知识转移的系统动力学建模与仿真［J］.情报科学，2012,30(02):173－177.

［126］叶娇，原毅军，张荣佳.文化差异视角的跨国技术联盟知识转移研究——基于系统动力学的建模与仿真［J］.科学学研究，2012,30(4):557－563.

［127］NONAKA I. the concept of "ba":Building a foundation for knowledge creation［J］. California Management Review，1998, 40 (3):40－54.

［128］吕国枕.知识转化的哲学意蕴［J］.辽宁大学学报(哲学社会科学版)，2001,29(6):69－72.

［129］戴俊，朱小梅，盛昭瀚.知识转化的机理研究［J］.科研管理，2004,25(6):85－91.

［130］NONAKA I, TOYAMA R, KONNO N. SECI, ba and leadership:A unified model of dynamic knowledge creation［J］. Long range planning, 2000, 33(1):5－34.

［131］刘冀生，吴金希.论基于知识的企业核心竞争力与企业知识链管理［J］.清华大学学报(哲学社会科学版)，2002(01):68－72.

［132］NOH J B, LEE K C, KIM J K, et al. Case-based reasoning approach to cognitive map-driven tacit knowledge management［J］. Expert systems with applications, 2000, 19(4):249－259.

［133］张红兵，和金生，张素平.组织知识转化机制的研究［J］.中国科技论坛，2008(08):107－111.

［134］刘刚，李宏辉.产业集群知识转化分析［J］.华东理工大学学报(社会科学版)，2006,21(1):62－65.

［135］龙静.产业集群知识转化的网络机制——丰田案例的分析与启示［J］.生产力研究，2008(17):109－111.

［136］王凯.产业集群知识溢出与知识转化研究［J］.科技管理研究，2009,29(03):246－248.

[137]曹兴,周密.技术联盟知识转移行为绩效评价研究[J].湘潭大学学报(哲学社会科学版),2010,34(05):12-17.

[138]赵春雨.基于知识价值链的企业知识转移模型与绩效评价研究[J].情报杂志,2011,30(01):130-135.

[139]潘星,王君,刘鲁.一种基于概念聚类的知识地图模型[J].系统工程理论与实践,2007(02):126-132.

[140]冯永,张洋.基于概念间边权重的概念相似性计算方法[J].计算机应用,2012,32(01):202-205.

[141]杨风暴,王肖.D-S证据理论的冲突证据合成方法[M].北京:国防工业出版社,2010:17-26.

[142]YAGER R. On the D-S framework and new combination rules [J]. Information Sciences, 1987, 41(2):93-138.

[143]李弼程,王波,魏俊,等.一种有效的证据理论合成公式[J].数据采集与处理,2002,17(1):33-36.

[144]张晓星.高技术虚拟企业谈判支持系统模型库研究[D].哈尔滨:哈尔滨理工大学,2010:27-30.

[145]JOUSSELME A L, DOMINIC G, BOSSE E. A new distance between two bodies of evidence [J]. Information Fusion, 2010, 2(2):91-101.

[146]李文立,郭凯红.D-S证据理论合成规则及冲突问题[J].系统工程理论与实践,2010,30(08):1422-1432.

[147]VRABLE M, MA J, CHEN J. Scalability, fidelity, and containment in the potemkin virtual honey farm[C]. SOSP 2005, Brighton, United Kingdom, 2005:148-162.

[148]吴建辉,章兢,刘朝华.基于自适应多态免疫蚁群算法的TSP求解[J].计算机应用研究,2010(5):1653-1658.

[149]LIU Y L, CHEN J W J X. On counting 3-D matching of size [J]. Algorithmica, 2009(54):349-359.